经典科学系列

可怕的科学
HORRIBLE SCIENCE

魔鬼头脑训练营

THE AWFULLY BIG QUIZ BOOK

[英] 尼克·阿诺德／原著　[英] 托尼·德·索雷斯／绘　盖志琨　常文昭／译

U0257171

北京出版集团
北京少年儿童出版社

著作权合同登记号

图字:01-2009-4334

Text copyright © Nick Arnold

Illustrations copyright © Tony De Saulles

图书在版编目（CIP）数据

魔鬼头脑训练营 /（英）阿诺德（Arnold，N.）原著；（英）索雷斯（Saulles，T. D.）绘；盖志琨，常文昭译 . —2 版 . —北京：北京少年儿童出版社，2010. 1（2024.10重印）

（可怕的科学·经典科学系列）

ISBN 978-7-5301-2374-4

Ⅰ.①魔…　Ⅱ.①阿…　②索…　③盖…　④常…　Ⅲ.①自然科学—少年读物　Ⅳ.①N49

中国版本图书馆 CIP 数据核字（2009）第 183422 号

可怕的科学·经典科学系列

魔鬼头脑训练营

MOGUI TOUNAO XUNLIANYING

［英］尼克·阿诺德　原著

［英］托尼·德·索雷斯　绘

盖志琨　常文昭　译

＊

北 京 出 版 集 团

北 京 少 年 儿 童 出 版 社　出版

（北京北三环中路6号）

邮政编码:100120

网　　址：www . bph . com . cn

北 京 少 年 儿 童 出 版 社 发 行

新 华 书 店 经 销

北京雁林吉兆印刷有限公司印刷

＊

787 毫米×1092 毫米　16 开本　7.5 印张　40 千字

2010 年 1 月第 2 版　　2024 年 10 月第 63 次印刷

ISBN　978－7－5301－2374－4/N·162

定价：22.00 元

如有印装质量问题，由本社负责调换

质量监督电话：010－58572171

目 录

你是科学达人吗

科学的内容真是太丰富了，而老师们看起来好像什么都懂……

那么如果有一本书，里面有成千上万件连你的老师也不知道的事儿，是不是很爽！这没准能彻底改变你的一生……

想想这本书有这么多的小测验和卡通画，很多问题连你的老师也回答不出来！它是不是真的会大大地丰富你的知识呢？

如果这还不够，再想象一下，这本书可是充满了那些让科学显得很可怕的内容（当然是可怕得有趣的那种）。好了，不用再想了，既然你已经拿到这本书了！那么，停止想象，开始读吧！

危险的医学

　　医学是一门关于生和死的科学。也就是说，医学的目标就是治愈或者预防疾病，这毫无疑问要研究我们人类的身体。这是一门有着可怕的庞大"身躯"的学问，但是还是让我们先看看一位医学家的解释，看看她整天在做些什么……

可怕的科学图解1

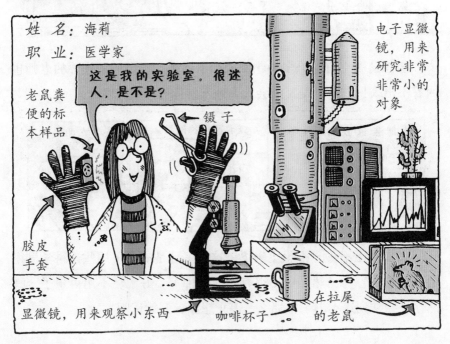

我们医学家主要是研究疾病是怎样侵害人体，以及人体是怎样抵御疾病的。我们中的一些人在大学和医院工作，还有一些在医药公司上班。我本人就在一所大学里工作，主要任务是研究内脏是怎样抵御一种叫病毒的微生物。现在我正在观察老鼠肚子里的病毒，但是以后我将会观察人肚子里的病毒，所以我需要一些志愿者来帮助我完成这项研究——有人愿意吗？

小测验——你准备好做第一个医学小测验了吗？

你可以累加你的分数，然后在每一章结束的时候，在分数榜上检查一下你的成绩如何。

先来一个关于身体的小测验

每个问题只有两个可能的答案，所以即使你只是猜，仍有一半答对的机会！

1. 谁的体温更高？男孩还是女孩？

2. 人能做到而黑猩猩做不到的是什么？换灯泡，还是在青春期长得很快？

3. 金丝雀能做到，而你的父母却做不到的是什么？唱歌还是改变脑子的形状？

4. 在一个漆黑的夜里，你能看见多远的人在划火柴？80千米还是100米？

5. 人能做到，而相思鹦鹉做不到的是什么？放屁放出旋律来还是眨眼？

答案

（满分5分）

1. 女孩的体温比男孩高大约0.3℃。

2. 黑猩猩经过训练后可以学会换灯泡，但是人类是唯一在从青年到成年的过渡阶段长得更快一些的动物。

3. 当金丝雀每年春天学会了新歌之后，它们脑子的大小就会随着改变。没想到吧！

4. 80千米——这是真的！

5. 用他们的屁股来演奏！一些表演者可以做到——最著名的法国音乐家约瑟夫·皮若尔（1857—1945），可以用他富有音乐细胞的屁股吹长笛，甚至还能吹灭蜡烛。据说当他快要死的时候，他还演奏了最后一曲。

太感人了……
虽然很臭，
但确实感人。

可怕的健康警告！

你能做到吗？如果能，千万不要在家里和家人一起吃饭的时候展示这个有趣的本领。否则，你会发现只有狗肯和你共进晚餐了。

你能当一名医生吗

1905年，法国医生伯利克斯仔细检查了一个刚刚被谋杀者砍下来的脑袋，他发现了什么？

a）被谋杀者嘟嚷着说："见鬼！我把脑袋笑掉了！"

b）每次被害者的名字被叫到的时候，脑袋就会睁开眼睛。

c）脑袋没有什么反应——那只是一个死脑袋。

（1分）

b）大脑在缺少身体供血的情况下，还可以存活几分钟。但是谈到眼睛……

去尝试你自己的发现……你的眼球怎样转动

对于你敢于去发现的问题，你要做的就是先试验，然后得到答案。好消息是你可以赢得满分4分！

你需要准备：

一双眼球

你需要做：

阅读并记住这些指导，或干脆让你的一个朋友把它们读给你听。

▶ 闭上你的眼睛

▶ 想象你在看高处的什么东西，把你的眼球往上转，脑袋不要动

▶ 同时试着去睁开你的眼睛

你注意到了什么？

（4分）

　　你睁不开你的眼睛的——所以不要强迫它们！直到你把眼球转下来，你才能正常地睁开眼睛。眼睛里的肌肉能使你的眼睛睁开，也可以使你的眼球转动，但是它却不能同时完成这两件事情。顺便说一下，如果一个妖怪转动眼球时还瞪着你——千万不要害怕，那只是一种礼貌的行为。

小测验：简单的计算

在这个小测验中，你要做的就是按要求计算出答案——就这么简单。如果你愿意的话，你甚至还可以使用计算器！现在是不是更简单了？

首先，把26加上34。

1. 小宝宝出生的时候，身上有多少块骨头？（把你从上面得到的结果乘5。）

2. 你身上有多少块肌肉？（上一题得到的答案再加上350。）

这个算吗？

小疙瘩？！哦，我的意思是肌肉。

3. 你身上有多少个关节？（接上题加50然后除以7。）

4. 你的血管总共长多少千米？（接上题乘1000。）

5. 你的神经可以绕着地球转几圈？（接上题减去99996.25。）

6. 如果用你的肌肉一天所产生的所有能量，你可以举着你爸爸的车走几米？（接上题加1.25然后乘3。）

7. 你的身体每分钟可以生产多少个红细胞（俗称红血球）？（顺便提醒你一下：细胞就是很小的胶状的有生命的单位，它们组成了你的身体。）（接上题乘100 000然后减去300 000。）

8. 你每天掉多少根头发？（接上题减去200 000然后除以10 000。）

9. 在你的腋窝里平均一平方毫米有多少个细菌？（微生物现在比较流行的叫法是细菌。）（接上题乘8。）

据说这道题谁也没有猜对过！

10. 在你的身体里最小的肌肉长多少毫米？（接上题除以800。）

答案

（满分10分）

1. 300块，但是后来其中有一些长到一块儿了，成年之后就是206块了。

2. 650块。

3. 100个。

4. 100 000千米。

5. 3.75圈。

6. 15米。你可做不到，千万别试。

7. 120万或者一生是0.5吨。

8. 100根，但是，这是很正常的，所以你不会因此而变秃的。

9. 800个。

10. 1毫米，它在你的耳朵里呢，所以你不可能去量它。

令人作呕的饮食

吃东西是人们最喜欢的活动之一，因为这是最让人舒服的事情了。下面要做的这个小测验所涉及的一些事儿，肯定连那些什么都不在乎的医生都会倒胃口……

小测验：恶心的食谱

有一些人总是吃什么东西都不在乎，甚至是学校食堂里的饭菜（开玩笑）。这张菜单上的哪两样东西，人们从来没吃过？

烂苹果餐馆

如果不够脏的话，我们决不供应！
（免费提供您呕吐时可以使用的袋子。）

~ 菜单 ~

饮料

1）黏糊糊的腌肉汁（发现于一个400年前的坟墓，曾经用来保存过一具尸体）。

开胃汤

2）人类的骨灰汤（加水和粗面粉调制出的一份黏糊糊的粥）。

3）人肉汤（一具160年前的尸体，被放在一个铅棺材里烧成的营养汤）。

主食

4）香酥
恐龙眼球。

5）保存了
65年的牛肉。

6）插着香
烟的比萨饼。

8）一碗黏合剂。

9）桦树嫩枝做
成的色拉。

7）烤蟑螂（有香
酥的外壳和鸡蛋风
味），另外提供煮
蚕茧和蜗牛酱。

餐后甜点菜单

10）斯帕姆午餐肉（一种肉味果冻
腌制的罐装美味猪肉片，上面浇有巧
克力和奶油）。

11）巨型管状蚯蚓做成的圣代冰
淇淋（撒满黏糊糊的深海虫子，还有
奶油糖果调料）。

12）你吃完之后,用
牙刷刷一下牙（然
后把牙刷吃下去）。

答案

（每个1分）

4. 从没人见过恐龙的眼球，因为它在变成化石之前就腐烂了。

11. 巨型管状蚯蚓只是在20世纪70年代才被人类发现的。据我所知，还没有哪位科学家敢吃它——当然，如果你愿意自告奋勇的话，可以尝一尝。

恶心食物的典故

这里有连你的老师都不知道的关于上述10种让人恶心的食物的一些真实故事。好了，这不是测验，所以你可以放松几分钟了……

1. 1779年，两个去埃塞克斯大教堂观光的旅游者试了一下这道美味。他们说它有橄榄油的味道。

2. 德国的瓦里绍瑟家族的人在20世纪40年代，不小心地喝了他们奶奶的骨灰。这些骨灰是亲戚们从美国寄回来的，谁知，这家人还以为这是一种美国的汤料呢。

3. 有一个名叫约翰·考利特的人，死后一直被埋在一个铅制的棺材里。1666年，当圣保罗大教堂被大火烧毁的时候，有两个人喝了用约翰·考利特的尸体烧成的令人作呕的黏糊糊的东西。

4. 19世纪70年代，一队英格兰海军特种兵仍然在吃1805年腌制的牛肉。

5. 这道菜是美国内华达州的一个名叫韦斯·汉斯肯斯的男士发明的。他还吃过未加工的香烟叶（千万不要在家里尝试这道菜）。

6. 这道菜是20世纪20年代一位吃昆虫的狂热者——布雷斯通发明的——我想那应该是他最喜欢的食物了。蚕茧和蜗牛酱则是维多利亚时代吃昆虫爱好者文森特·郝特的最爱。

7. 是的，一袋子黏合剂确实被另一位美国人约翰·赫顿吃了，但是他立刻又把它吐了出来（千万别在家里试）。

8. 另一位美国人杰伊·格瓦瑞曾经吃掉了一棵桦树，这总共花费了他89个小时，你相信吗？（你不会傻到也去试一下吧，所以我不必提醒你，是吧？）

9. 这种肉叫做斯帕姆午餐肉，这道美味曾经在1994年美国得克萨斯州的斯帕姆节上让人品尝过。一位名叫约翰·芬雷的观光者吃了之后说：

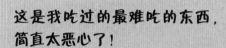

这是我吃过的最难吃的东西，简直太恶心了！

10. 日本的川上音井总共吃了56把牙刷还有各种各样奇怪的东西，而且每一次都是因为打赌。真是蠢得可以！

额外奖励题

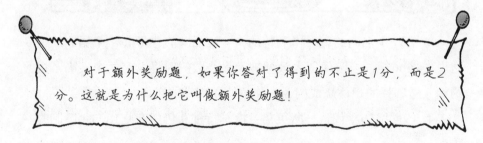

对于额外奖励题，如果你答对了得到的不止是1分，而是2分。这就是为什么把它叫做额外奖励题！

为什么外科医生在使用电子仪器做内脏手术时，容易发生危险？（提示：发出巨响！）

答案

（2分）

　　人放的屁中含有气体甲烷，这是一种易爆物质，在我们烧饭的燃气中也含有这种气体。曾经就有一位病人内脏里的气体发生爆炸，造成了极其严重的后果。当时这名男性患者的屁股中冒出了蓝色的火苗（我认为负有主要责任的外科医生应该被解雇）。

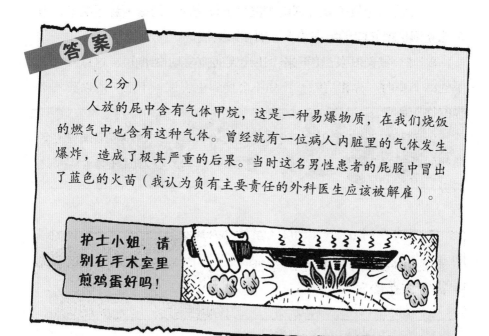

护士小姐，请别在手术室里煎鸡蛋好吗！

　　好了，这真是一个够危险的病人，现在我们再来看一些关于危险的医生的事儿……

危险的医生

　　由于过去大多数的医生对病人的病情根本就漠不关心，所以对于病人而言，这些医生本身就是一种威胁。如果你正在死亡线上徘徊，碰到这样的医生，他们不仅不能拯救你，反而会在你的屁股上狠狠地踹上一脚……

你能当一名医生吗

　　1. 200年前，假如你正在用水蛭给一位病人吸血（在那个时候，疾病被认为是身体里的血太多造成的）。这些水蛭吸饱后，下一步该怎么办？（提示：给它们一个狠狠的教训。）

a）让它们把血都吐出来，然后重新开始吸。

b）再找一只吸血蝙蝠。

c）把水蛭的尾巴切下来，让病人的血从切口喷出来。

剪刀，
护士！

2. 英文单词Artery（动脉）虽然指的是血管，但是这个单词的最初意思却是"空气运输管"。这是为什么？（提示：血？我没看见血！）

a）动脉可以用来做管乐器。

b）有人把动脉和气管弄混了。

c）古希腊人认为动脉里流动的是空气。

3. 印度外科医生苏萨塔（大约生活在公元450年）发明了第一种治疗白内障（眼球外部混浊的部分）的方法。他用什么做的这个实验？（提示：关键的时刻！）

a）蟾蜍

b）他自己的眼球

c）腌制的洋葱

答案

（满分3分）

1. c）这样一来水蛭会继续吸血！

2. c）古埃及的医生普瓦泽格瑞斯（公元前4世纪）切开一具尸体时，发现动脉是空的——可事实上，这是因为血已经流干了。

3. c）腌制的洋葱。最后，手术居然成功了。

讨厌的疾病

一旦身体得了病，你就可能受到一系列的折磨，特别是当你得了某种奇怪的病的时候……

小测验：奇怪的病例

下面是一些学生的病假条，其中描述的一些病症听起来相当古怪！请问哪几个真正属于医学范畴而哪几个不是？（提示：有两个不是！）

1.

敬爱的老师：

　　我的女儿克洛伊患有食土癖*。她总是有一种强烈的愿望想去吃泥土。请不要让她上烹调课，否则她可能会为我的晚餐做一个泥巴饼。

★ 那并不是食土癖，而且食土癖实际上不是一种疾病。

敬爱的老师：

　　我的儿子杰克患有血管收缩性鼻炎。一到寒冷的地方，他的鼻子就开始流鼻涕。我想这肯定是遗传问题，因为在家里他爸爸老杰克的鼻子就总是不停地流鼻涕。

敬爱的老师：

　　我的儿子斯蒂芬患有自动中毒症。腐臭的粪便肯定是从他的肠子里进到了他的血液里。这种可怕的疾病导致他秃顶和呼吸困难，还让他变得很难看，以至于他都不想上学了。请允许他在以后的23年里都不用上学。

敬爱的老师：

　　我的女儿艾米有一个能发光的胃，她的肝脏在暗处也闪闪发光！她过去一直认为这是身体好的表现。

敬爱的老师：

　　我的儿子迈克尔得了一种叫做"矽肺病"的肺病。他总是一个劲地不停地咳嗽，都快要把他的肺给咳出来了。请允许他不用上课了吧。

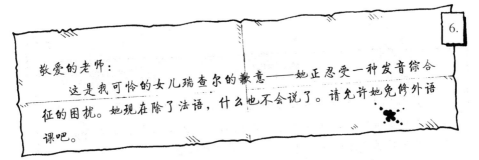

6.

敬爱的老师：

这是我可怜的女儿瑞查尔的歉意——她正忍受一种发音综合征的困扰。她现在除了法语，什么也不会说了。请允许她免修外语课吧。

答案

（满分6分）

1. 正确。从某种意义上说，黏土确实可以稀释胃里的毒素，从而防止你中毒。但是泥土里全是微生物，所以还是不要去吃花园里的泥土。

2. 正确。你听懂了吗？

3. 错误。不过在维多利亚时代，许多人都相信有这样一种由便秘引起的病。

4. 错误。这种病是1677年医学广告中描述的，纯属虚构。

5. 正确。这种肺病是由于吸入了过多微小的尘粒导致的。

6. 正确。这是一种少见的疾病，患者只能说一种外语——真的！在1999年，一个英国妇女在脑病发作之后就出现过这种情况。她变得只能说法语，尽管实际上她只去过一次法国，而且并没有说过法语。

小测验：奇怪的治疗

下面的物质中，有一种从来没被用来治过病的药。从中找出这种物质，加1分，能说明为什么，再加1分。

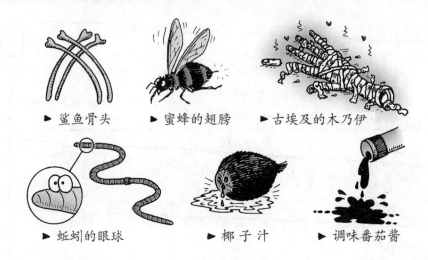

▶ 鲨鱼骨头　　▶ 蜜蜂的翅膀　　▶ 古埃及的木乃伊

▶ 蚯蚓的眼球　　　▶ 椰 子 汁　　　▶ 调味番茄酱

答案

（2分）

蚯蚓的眼球。蚯蚓实际上根本就没有眼球——它们是通过敏感的皮肤来感觉光线的。下面是连你的老师也不知道的其他那些药剂的"宝贵知识"……

人造皮肤是美国科学家约安尼斯·杨尼斯于1981年发明的，其中包含一种由鲨鱼骨制成的化学物质。

蜜蜂的翅膀是用来治疗风湿病的古老秘方。

古埃及的木乃伊曾经在中世纪时期被装船运到欧洲用做药材。法国国王弗朗西斯一世（1494—1547）每次感到不舒服，就要大嚼几块木乃伊干尸。

在第二次世界大战的时候，斐济岛上椰子汁曾被用来做血浆的替代品，并且效果很好。

在19世纪30年代，美国的番茄酱被当做一种包治百病的药来卖。

你的成绩怎么样

祝贺你完成了第一章的测验！

这是你所得分数表示的意义……

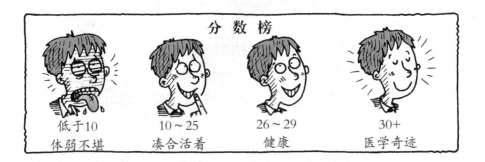

分　数　榜

低于10	10～25	26～29	30+
体弱不堪	凑合活着	健康	医学奇迹

好了，现在你们要打起精神，准备进入到下一章了，准备好了吗？下面该讨论的是力学问题，力学是科学的一个非常大的分支……下面你就要去探索它了……

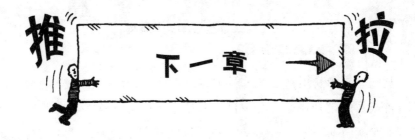

推　下一章→　拉

可怕的撞击
从这里开始

可怕的物理学

　　这一章有很多可怕的小测验是关于物理学的。物理学是一门主要研究原子和力的科学。这听起来是不是太专业了？幸好我们找到了一个物理学家来解释她正在从事的……

可怕的科学图解 2

作为一名物理学家，我对力、能量、原子和一些有关光、电、声和物体运动的话题很感兴趣。我们物理学家通常需要组成团队工作，因为每个研究项目都有很多繁重的工作。这就是为什么我在大学工作，而同时还是一位研究磁性怎样影响微波的研究小组的成员（微波是一种看不见的能量波，可以在一个微波炉里产生）。进行这项这项工作要完成一系列的实验。

所有的物理学家都有一个共同的特点——他们都在从事超级物理学家艾萨克·牛顿（1642—1727）所从事的工作。艾萨克·牛顿通过实验向人们展示了太阳光是由 7 种单色光混合而成的。他解释了宇宙里所有力的作用方式，包括万有引力。想象一下——他成功地解释了飞机和火箭能飞起来的科学原理，而在那时候这些还没有发明呢！

好了，这里有一些关于这位科学巨人的鲜为人知的事情，99%的物理学家都不知道……

你认为牛顿是一个什么样的人

1. 假设你是艾萨克·牛顿。此时，你正在做你的科学实验，但是你的那只可恶的猫却要不停地进进出出，而你因此得不停地为它开门关门。你会怎么办？

a）把它锁在小屋里。

b）发明一个猫洞。

2. 一天，你的邻居出神地盯着你满嘴的泡沫。当时，你正在吹泡泡——但是为什么呢？

　　a）你在和你的猫玩。

　　b）你在研究泡泡是怎样折射光线的。

3. 在你成为一名著名的科学家之后，一些人认为你拥有不可思议的魔力，一个妇女请求你用魔法帮她找回钱包。你怎么说？

　　a）

　　b）你说了一句魔咒"ABRACADABRA"，然后就把她送去参观格林威治的皇家海军医院。

4. 你的同事——科学家罗伯特·胡克声称，你的有关光的一些实验是错误的，你们的意见出现了分歧。你会怎么做？

　　a）你推迟了有关论文的发表，一直到他死后，这样他就不能反驳你了。

　　b）立刻发表你的论文，让胡克发火去吧！

5.你估计自己的万有引力理论对预测物体间的引力能精确到0.00003%。你怎样劝说其他的科学家们相信这个数据？

　　a）你花了几年的时间，来证明你的预测的精确度。

b）你让你的出版商出版了一份骗人的数据来证明这个结果。

6. 你负责监管英格兰的造币厂，工作的一部分就是追捕制造假币的人。你通过收买知情者和窃听旅店里的闲谈，最后抓到了造假币的主谋威廉姆·查洛纳。假币制造者应得到的惩罚是处以死刑，如果罪犯向你乞求宽恕，你会怎么做？

a）你以另一种更加残忍和恶心的方式处罚他。

b）你向国王请求饶他一命。

（满分6分）

1.b）猫洞竟然是牛顿发明的！他为他的猫开了第一个猫洞，当那只猫有了小猫之后，他又在猫洞旁开了一个小猫洞，供小猫进出使用。

2.b）气泡的边缘能够折射阳光，从而将组成它的那些单色光都分离开。这就是为什么你在气泡中可以看到七色光的缘故。

3.b）开始牛顿只是想摆脱那个女人，但奇怪的是那个女人真的在那个地方找到了钱包！

4.a）

5.b）这很让人吃惊……但这是真的！

6.a）牛顿把威廉姆·查洛纳吊起来，一直将他吊到半死。接着，牛顿把威廉姆·查洛纳的内脏掏出来，把他的身体切成碎片，最后把他的头也砍了下来。

额外奖励题

牛顿的狗——"钻石"，不小心碰倒了一根蜡烛，导致了一场大火，把牛顿多年的手稿都付之一炬。牛顿说了些什么？

答案

（2分）

c）你的老师还在往你的脑袋里硬灌知识吗？哦，对了，你们的老师总是强迫你们去做一些事情，但是这里有一些可能连他们也不知道的有关力的真实故事。

小测验：令人恐惧的力

力能影响物体的运动——但是下面哪些是确实发生过的真事，哪些是捏造出来的？请回答。

1. 比较长的火车隧道都是成对建造的，通过交错的通道相连接，以便让空气从隧道里流出去。

2. 日本的关西国际机场是按照要下沉的要求设计的。

3. 水可以用来切割金属、岩石、皮革和纸张。

4. 万有引力能让你变高。

5. 在一场风暴中，一辆坦克从中间向上弯曲了90厘米。

6. 重量是万有引力作用在一个物体上的标志之一。地球上的全部空气的重量比全部海水重。

7. 风的力量足够减慢地球的自转。

8. 好的天气，会让你变得瘦一点。

9. 科学家们发现：像袋鼠那样跳，比奔跑更节省能量。

10. 如果你往西跑，要比你往东跑时的重量轻。

11. 在19世纪40年代，一艘来自南美洲乌拉圭的船，用干酪代替炮弹打退了攻击他们的海盗船。

（满分11分）

1. 正确。当一列火车穿过一个狭长的隧道时，会推动前面的空气。在一个很长的隧道里，这部分空气可能会减慢火车的速度。隧道中那些交叉的通道能把空气释放出去，以解决这个问题。

2. 正确。关西机场建在一个人造的小岛上，在上面建筑物重力的作用下，专家预计在未来的30年内飞机场会下沉11~13米。

3. 正确。在工业上，水切割是用含有少量细沙的水，在高压喷射下完成的。

4. 错误。万有引力只会让你变矮！每天早上睡觉起来，你会比晚上睡觉的时候高出8毫米，因为当你躺下睡觉时，引力就不再把你的脊柱往下拉。这意味着你在早上起来时会是一天中最高的时刻，而之后的一整天你都在收缩！

5. 正确。它弯曲得差点被折断。

6. 错误。空气的总重量达50000000000000000（5亿亿）吨，但是这只不过是全部海水重量的1/3。

7. 正确。不过这一影响并不太明显，否则持续刮风的日子，地球就会在太空中停止转动了。

8. 正确。在一个阳光明媚的天气里，空气压力会更大，挤压着你膨胀的身体，让你觉得更结实、更健康。相反，在烦闷的阴天里，你的身体会感觉到膨胀和湿软。

9. 正确。20世纪70年代，两位科学家监测了袋鼠在跳跃中呼吸时所需要的氧气量，发现它们比奔跑中的人需要的还要少。

10. 错误。恰恰相反！当你往东走时，地球的旋转可以拉动你的身体，轻微地减轻一些你的重量。当然这种影响很小，你根本察觉不出来。

11. 正确。物体运动得越快，击中目标的力量就越大。像炮弹一样发射出去的坚硬的奶酪速度非常快，可以杀死水手或击碎敌船的船帆，迫使他们投降。然后，别忘记再把奶酪要回来。

额外奖励题

为什么船的舷窗是圆的？（提示：会被撕破的。）

（2分）

水浪的力量可以通过金属船体传递冲击波，波浪起伏的力量很容易撕破方形舷窗的角。然而木质的船却可以有方形的舷窗，因为木头在吸收冲击波方面的性能要好一些。

小测验：可怕的事故

在这个小测验中你要说出后来发生了什么……

的确，很难得到这些问题的确切答案，所以我可以告诉你，如果你回答出基本正确的答案，可以得1分；回答出了准确的答案，可以得2分！

1. 1916年12月，阿尔卑斯山覆盖了一层厚厚的积雪。一位奥地利士兵大声地对山喊话，然后发生了什么？（提示：冰冷的埋藏。）

2. 1905年，一名在高压舱里的工人正在纽约一条河流的底下挖掘隧道，突然隧道倒塌——后来在这名工人身上发生了什么事情？（提示：想一下香槟酒的软木塞。）

3. 在1911年，特技表演者鲍比·理茨乘坐一个木桶漂下了美国尼亚加拉大瀑布。这时，一位旁观者跑过来观看，他看到了什么？（提示：那是一个粉碎的体验。）

答案

（满分6分）

1. 声波的力量引发了雪崩，把几千名士兵永久埋在了雪堆里。

2. 高压舱内的高压空气阻止河水渗透到舱内。但是当隧道倒塌的时候，那个工人被空气的力量从倒塌的洞口弹了出去，最后漂浮在河面上悲惨地死去了。

3. 水震荡的力量几乎把他身体里的每一块骨头都震碎了。等他好不容易恢复过来，却又在几个月之后，不小心踩在了一块香蕉皮上摔死了。

小测验：有力的运动／休闲娱乐

把下面句子缺少的词和相关的运动搭配起来，稍微难一点的是有一种运动的词我们没有给出（所以你不得不自己去想出这个词）。

填空的单词

a）紧紧的

b）陡峭的斜坡

c）有弹性的钢制横杠

d）绵羊的内脏

1. 举重者借助_____来帮助他们举起重物。

2. 在20世纪20年代，美国的赛车跑道用_____来帮助驾驶者把车驾驶得更快。

3. 自行车比赛时，运动员的衣服都穿得_____，或者把他们的腿包得细细的，以此来提高速度，最多可以提高10%。

4. 传统的网球球拍的弹性主要来自_____。

5. 世界上著名的牛粪饼投掷冠军赛的规则规定：牛粪饼形状不能别出新裁加以改造，以减少空气阻力。空气阻力是_____作用在运动物体上的力。

（满分5分）

1.c）当重物被举到举重者胸部的时候，有弹性的钢制横杠的两端开始向上弹起重物，这样可以很好地帮助举重者更容易地举起重物。

2.b）这样车子不得不开得飞快。如果它们的时速小于99千米（27.5米/秒），在万有引力的作用下，汽车就会从陡峭的斜坡上掉下来。

你忘了盖油箱盖了。

哗！

3.a）自行车运动员要尽力使自己保持流线型以减少空气阻力。

4. d) 需要7只绵羊的内脏，才能制作一个球拍。母羊们能相信吗？

需要你们的内脏，才能玩这项运动！

5. 缺少的单词是空气。想象一下，要花上几个小时才能弄成一个牛粪饼。顺便说一下，规则还声明牛粪饼必须是100%的牛粪。所以在拿牛粪饼之前，你需要深深地吸一口新鲜空气！

你敢去探索空气的力量吗

你需要准备：

▶ 一支麦秸管
▶ 一瓶你最喜欢的饮料（当然你肯定还需要一个瓶子）
▶ 一大滴密封油

你需要做：

1. 打开瓶子，把麦秸管插进去。

2. 把密封油浇在麦秸管周围，直到把周围空隙都密封住，并且把麦秸管也固定住。

3. 别让你的嘴唇离开麦秸管，使劲地吸。

你注意到了什么？

a) 饮料还没有吸，就自己上到麦秸管里了。

b) 开始还能吸上饮料来，后来就越来越困难了。

c) 开始无法控制地滴漏。

（5分）

b）正常情况下，你一开始吸进的是麦秸管和嘴里的空气。然后瓶子外的空气对饮料施加一个向下的压力，饮料才会通过麦秸管，进到了你的嘴里。但是如果空气不能进入瓶子里，这些就都不会发生。

小测验：可怕的小原子

这里有一些信息可以作为开始的准备知识……

这是一个关于"多或少"的小测验。你所要做的就是对每一个问题都说出"多"或者"少"。

包括你自己在内的宇宙里的任何东西都是由原子构成的。每一个原子都包括一个更小的物质叫原子核，在它的周围围绕着高速运动的电子。世界上最大的原子的直径也只有一毫米的百万分之一的一半大小。

1. 如果一个原子有一个国际足球运动场那么大，原子核就有一个网球那么大。　　（多／少）

2. 而电子则和蚊子一样大。

　　（多／少）

3. 如果你和一个原子一样大,那么鹅卵石就和地球一样大。

（多 / 少）

4. 一秒钟内你的头发就会长一个原子的长度。　　　　（多 / 少）

5. 3个原子连成一串,可以穿透形成气泡的液体壁。

（多 / 少）

（满分5分）

1. 少。比网球还要小些。没错,原子纯粹是在浪费空间!

2. 多。大一点。它们应该和墙外面嗡嗡飞的苍蝇一样大。

3. 多。有地球两倍的大小!

4. 多。能有20个原子的长度!

5. 多。气泡壁的厚度是一毫米的千分之一,超过2000个原子的宽度。

嗡嗡声和闪闪亮

这一节都是关于电和光的——嗡嗡声和闪闪亮——懂吗?你可能也知道电流是由电子的流动形成的,而且电子实际上也能发光。当电子被加热时,就会以能量脉冲的形式（叫作光子）放出光。

电流中的电子在热的作用下发出光（光子）

热!

飞蛾扑火

光子

电灯泡

电流

好了，科学课上完了，该进行小测验了……

令人震惊的电

下面是几个关于电的有趣的小故事，不用怀疑，它们都是真实的。

1. 在1999年，2000名英格兰乘客和14列电力火车全部被一个酸奶瓶子的金属瓶盖堵住了。原来，这个盖子掉到了电力轨道的一个裂缝里，结果把电流都转移到了大地中。最终，失去动力的火车当然就抛锚了。

2. 保罗捕获器是一种借助于电和磁的力量来捕获原子，使它们不会很快消失的仪器，这样人们就可以从容地对它进行研究了。它是由德国科学家瓦夫冈·保罗在1989年发明的。

3. 1750年，物理学家威廉姆·沃特森向人们表演了一个试验。他让一队人手拉手排成一条线，另一端用一个空心圆筒与发电机相连。结果，一股电流沿着这条线传了过去，每个人都感受到了电击。

4. 在一场沙尘暴中，沙粒间的互相摩擦产生了电荷。一位德国的探险家正好遇上了这场沙尘暴，他不得不把他修汽车的千斤顶（一种把汽车顶起来的工具）顶在了头上，并从千斤顶上引出一根导线到地面上。这样，靠千斤顶吸引电，再通过导线把电荷导入地下——就像避雷针那样。

5. 人们最早使用电这个伟大的发明，是打算用来捕获尼斯湖水怪的。它被设计成可以向水里放电，靠电击来杀死这个可怜的家伙。幸运的是，这个残忍的发明从来没有下水使用过，尼斯湖水怪也因此幸存了下来！

6. 闪电是雷雨天气里产生的巨大的电火花。一道闪电实际上可以生产很多的肥料——闪电所产生的热量能使土壤中的化学元素发生化学反应，从而生成硝酸。进一步反应则会把这些硝酸转变成硝酸盐，植物生长都离不开它们。

额外奖励题

闪电从来不在同一个地方袭击两次，正确还是错误？

答案

（2分）

错误。1899年，一名家住加拿大多伦多的男子，在家中的后院被闪电击中身亡。1929年，他的儿子又在同一个地方被闪电击中身亡。你能猜出1949年在他的孙子身上又发生了什么事情吗？

我猜想他们的死一定和避雷针有一定的关系。避雷针的发明者——本杰明·富兰克林（1706—1790），是一位电学方面的科学巨人。他提出了著名的电荷理论和其他许多理论。这里你将有机会了解这位有魅力的科学家。

小测验：富兰克林的图片

在这个小测验中，你将看到答案是一些图画，但是它们的顺序是混乱的。你要做的是把问题和正确答案搭配起来。这里有一个例子可以告诉你该怎么做。

问题（填空）

富兰克林认为在寒冷的冬天，打开窗户，坐在窗台上，身上不穿_____对身体是有害的？

描 述

答 案

衣服。（千万不要在家里试，因为会很不舒服的，并且还可能触犯法律！）

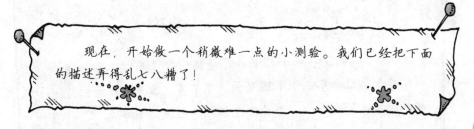

现在，开始做一个稍微难一点的小测验。我们已经把下面的描述弄得乱七八糟了！

问题（填空）

1. 当富兰克林生活在伦敦的时候，他喜欢天天泡在当地的_____里。

2. 富兰克林最受欢迎的一个发明是_____。

3. 富兰克林组织了一个比赛，目的是要开发一种食物，当人们吃了这种食物后，放出的_____会好闻一些。

4. 在1755年，富兰克林跳上了他的马，追赶一个_____。

5. 在美国摆脱英国的殖民统治，争取独立的斗争中，富兰克林是一个主要人物。他建议美国的象征应该是_____。

描述

a）龙卷风

b）河流

c）摇椅

d）火鸡

e）屁

不要忘记从描述图中寻找答案！

答案

（满分5分）

1.b）河流。泰晤士河里满是死猫、老鼠和漂浮着的粪便，所以在里面洗澡跟在下水道里洗澡差不多。富兰克林在浴池里洗澡的时候（毫无疑问，事后他也想把身上洗得干净些），还喜欢边洗澡边写信。

　　2.c）摇椅。

　　3.e）屁。这个比赛大家可能没闻到什么，所以也没有找出优胜者。

　　4.a）龙卷风。 他一边追还一边用鞭子抽打龙卷风。

　　5.d）火鸡。你能想象出如果美国的标志是一只火鸡，它还会成为像今天这么强大的国家吗？

额外奖励题

　　本杰明·富兰克林认为谁是：

当今世界上最悲哀的人？

a）　一位老师，戴着站长的帽子，玩着玩具火车。

哐哐哐！

b）一个孤独的文盲，在下雨天既不能外出做事，又不会读书。

嗯？

c）一个学生，在星期一的早上不得不去学校。

（2分）

b）富兰克林喜欢读书。

额外奖励题

为什么在南极洲生活的人的身上很难长痤疮？

a）高能量的紫外线把滋生痤疮的细菌全杀死了。

b）雪对你的皮肤有好处。

c）在南极很难找到舒服温暖的水洗澡，因此人们很少洗澡，聚集的污垢治愈了痤疮。

（2分）

a）紫外线是一种看不见的射线，它对人类的皮肤和细菌都有害，所以用它去除痤疮可能有一点儿鲁莽，懂吗？我们之所以没有受到伤害，是因为地球上空有一层厚厚的臭氧层，可以保护地球的大部分地区免受这种射线的伤害。由于南极上空的臭氧层破了一个大洞，所以你可以在南极多吸收一些紫外线——这样对你的痤疮会有好处，但是对环境却没有什么好处。

你进步得怎么样

好了，你已经完成了这一章的测验了，我敢打赌现在你正想知道你做得怎么样吧！你觉得你是一个满腹物理知识的物理学家还是一个物理学的门外汉呢？

这是你的分数表示的意义……

分数榜

低于8	8～30	31～55	55+
被彻底击昏	需要继续充电	开始觉醒	大彻大悟

提醒你，我们要开始光的主题了。我们之所以能够知道在我们的外部空间是一个茫无边际的宇宙，唯一的原因就是我们的天文望远镜探测到了远处空间里的物体发过来的光。为什么不乘着我们的宇宙飞船去下一章呢？那里更可怕！

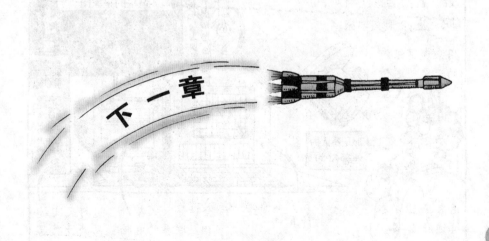

下一章

恐怖的天文学

众所周知，天文学也是现代科学的一个分支，它主要是研究地球的外部空间以及恒星、行星、卫星、小行星、星系、黑洞，实际上包括宇宙里的每一样东西。天文学是一门非常可怕的科学，这里有一些连你的老师都不知道的在10万亿亿光年里发生的一些事情，幸好有一个友好的天文学家肯为你解释……

可怕的科学图解 3

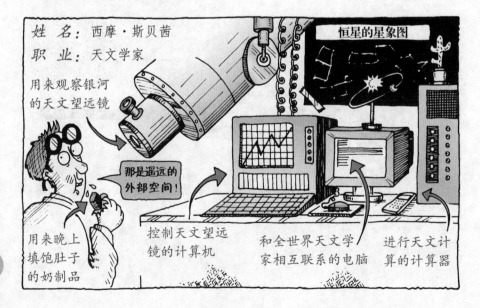

我现在正在我工作的天文台上，但是我们天文学家一般并不需要整天一动不动地盯着那些星星，因为我们的天文台是由计算机控制的，我们主要是靠它们来为我们观察的。这让我们轻松了很多，因此在大多数的晚上我们还是可以睡觉的！我工作的另一方面我也比较喜欢，那就是可以访问世界各地的天文台，和世界各地的同行们交流意见。是的，我们所从事的工作确实是一项世界性的工作。

小测验：有关天文学家的令人惊异的问题和答案

过去的天文学家们常常都是一群观察能力惊人的超人——下面就锻炼一下你的观察能力，请把每个问题都和正确的答案搭配起来。

问 题

1. 在1871年围攻巴黎的战斗中，法国天文学家皮埃尔·简森（1828—1907）被困在了巴黎城内。他是怎么做的？

2. 为什么詹姆斯·查利斯教授（1803—1882）错失了发现海王星的机会？

3. 德国科学家汉斯·贝蒂是怎样发现太阳的发光原理的？

4. 为什么在天文台上有时候能看到商人詹姆斯·利克的名字？

5. 在科学巨星——伽利略（1564—1642）去世200年后，又发生了什么事情？

答 案

a）有人偷走了他的骨头。

b）他被当作一个间谍抓了起来。

c）他的尸体被埋在了那里。

安息吧！

d）他坐在一个气球里逃走了。

e）他正在喝茶聊天。

f）他把计算结果写在了一封信的背面。

6. 德国科学家埃尔温·弗伦德利希因为什么错过了观察日食?

答案

（满分6分）

1.d）皮埃尔·简森本想去北非观察日食（就是当月亮在太阳和地球的正中间），但是他被困在了巴黎。后来他冒着生命危险，乘着热气球逃了出去。然而当他到了北非之后，却由于天太阴什么也没看到。

2.e）当时这位英格兰天文学家正在一边喝茶，一边和同事聊天。德国科学家约翰·恩科也错过了这次机会，因为他正在参加一个晚宴，而他的助手约翰·加勒和海恩瑞茨·爱瑞斯特却有幸发现了海王星，抢走了这项荣誉。

3.f）汉斯正在一列火车上，这时他突然意识到：太阳能发出光和热是通过氢原子聚合产生氦原子实现的。我想他当时一定兴奋得不得了。

4.c）詹姆斯·利克（1796—1876）被埋在了加利福尼亚天文台下。我想他是否想在夜里看美丽的星空。

5.a）伽利略是第一位用望远镜观察研究星体的科学家，但是1737年一个意大利牧师却偷偷地打开他的坟墓，偷走了他的一些骨头作为纪念品。

6.b）这位德国天文学家原计划去俄罗斯观察日食现象，顺便检验一下科学巨人阿尔伯特·爱因斯坦的理论是否正确，因为他说太阳的引力能把从遥远的恒星射过来的光线弯曲。但是第一次世界大战爆发了，这位科学家所能看到的只是监狱里的一个单身牢房。

额外奖励题

为什么德国天文学家约翰尼斯·开普勒（1571—1631）的妈妈曾被当做巫婆抓了起来？

a）她是一个巫婆。

b）她的儿子写了一本科幻小说，在这本小说里他说自己的母亲是一个巫婆。

c）人们认为她的儿子的天文望远镜有不可思议的魔力。

（2分）

b）1610年，开普勒出版了世界上第一本科幻小说，在这本小说里他的母亲扮演了一个巫婆的角色。不久，这位可怜的老太太就因被认为是一个真正的巫婆而被捕，并且遭到严刑拷打。还好，开普勒又想办法把她救了出来。

你注意到前面我们已经提到阿尔伯特·爱因斯坦了吗？你可能不是很肯定爱因斯坦到底发现了什么，但是不用担心。有很多研究爱因斯坦的人，也不知道爱因斯坦到底发现了什么！实际上，爱因斯坦的工作主要是形成了我们对宇宙的整体观念和宇宙的运行机制。爱因斯坦（1879—1955）提出了广义相对论。这个理论揭示了空间是弯曲的，并且时间实际上也是空间的一维。看懂了吗？不管怎样，下面的这个小测验还是比较简单的。

小测验：关于爱因斯坦的图片

在这个小测验中，你要做的就是从图片中选出正确的答案。就这么简单（可能也不简单）。

1. 爱因斯坦说的第一句话是关于什么的？
2. 在什么情况下，爱因斯坦拒绝了服兵役？
3. 爱因斯坦认为什么是：

我一生中最好的想法。

4. 他称什么是:

我最重要的科学设备。

5. 爱因斯坦最喜欢的业余爱好是什么?

6. 爱因斯坦的相对论里面有什么简单的错误?

可能的答案

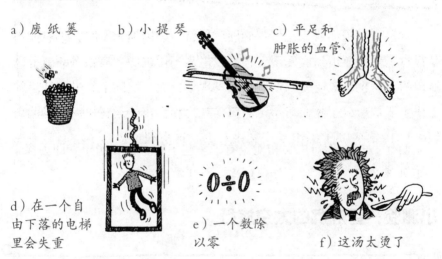

a)废纸篓

b)小提琴

c)平足和肿胀的血管

d)在一个自由下落的电梯里会失重

e)一个数除以零

f)这汤太烫了

答 案

(满分6分)

1.f)爱因斯坦4岁时才开始说第一句话,当时他说的就是:"这汤太烫了!"后来,当他被问起为什么没有早一点儿学会说话时，他说："因为直到现在，每一件事都事先井井有条地安排好了。"

2.c）这很幸运，因为爱因斯坦本来就是反对战争的，即使他不是平足，也会拒绝参军的。

3.d）这个想法激发他提出了广义相对论——不要让我解释为什么。

4.a）废纸篓其实很有用，因为爱因斯坦会不断地从他的错误中学习。可能你也会试着把你的家庭作业扔到废纸篓里，然后向你的老师引证这个事实。

5.b）爱因斯坦喜欢拉小提琴，并且他一直是一个相对的天才音乐家，哈哈。

6.e）每一位数学老师都会告诉你，任何东西都不可能用零来分。这个事实是俄罗斯数学家亚历山大·弗里德曼（1885—1925）首先提出来的。

好了，现在你对广义相对论有了一些了解，你可能想立即去探索一下外部空间。好，那么就让你当一会儿宇航员怎么样？

小测验：昏沉沉的太空旅行

在这个小测验中，你需要把缺少的单词加到《太空旅行指南》中去（提醒你一下，有两个多余的单词可能你用不着）。

下面是用来填空的词……

a）眼球，b）大豆，c）高尔夫球场，d）微生物（细菌），e）幸运的玩具兔子，f）病人，g）牧师，h）油漆，i）喷气式飞机，j）垃圾，k）照相机，l）护照。

下面是《太空旅行指南》……

可怕的科学 太空旅行指南

简 介

战栗！

你想成为一名宇航员吗？酷！！那绝对是一份超炫的工作！但是也有一点儿危险，所以不要在你死了之后，才开始抱怨！！！

第一章 训练

在你接近我们可爱而又昂贵的火箭之前，你不得不接受我们为期几年的特殊训练。首先是适应太空里的失重现象。我们通过把你放入一个 __1__ 并且快速向下俯冲，来帮助你训练失重。

嘶！

在几秒钟的时间里，你会完全失去重量，并且觉得自己像马上要摔死了似的。不要担心，我们一天只训练40次。这是一个在生死关头死里逃生的体验——因为你永远不会知道你将会在哪里着陆！

第二章 准备好出发了吗

嘿！

记住在倒计时结束之前，千万不要启动你的火箭。啊，差点儿忘了！不要忘记带你的 __2__ 。正如我所说的，你永远不知道你会在哪里着陆！

第三章 太空生活

你可能感到很不适应——这是因为你的身体处于失重状态，一切都打乱了，并且你不知道哪一边是上，哪一边是下。希望你

不会感到太难受——我们不想一个失重的 _3_ 还要到处漂泊。要在太空里洗东西是一件很困难的事情，因为水会漂荡在你的四周，所以我们建议最好不要洗澡，也不要洗你的衣服——等你回到地球上，你的父母会帮你洗的。顺便说一句，你可不能通过申请做宇航员，来逃避洗澡！

第四章 空间漫步

你可能还需要在卫星上做一些维修工作。记住在你出去之前，要穿好你的宇航服。如果没有宇航服，你的内脏和你的 _4_ 就会爆炸。很恐怖！哦，千万小心不要把你自己锁在了外面——对消防队来说，要过来救你真是一段太漫长的路程！在这个过程中，尽量不要敲打人造卫星。

1996年，一些宇航员不小心这样做了，结果损失了价值4400万美元的高科技设备，并且一点点的损坏，都可能造成卫星着陆时出现令人难堪的情况。1979年，一颗小人造卫星降落在英格兰的伊斯特本的一个 _5_ 。

第五章 小心太空垃圾

当你在飞船外面工作的时候，千万要小心那些围着地球高速旋转的太空垃圾。一小块子弹大小的太空垃圾，就能穿透你的身体！挑战者号航天飞机就是被一小片 _6_ 击中，在它的前窗上留下了永久的疤痕。注意留心美国宇航员迈克尔·科林斯不小心丢掉的 _7_ ，还有苏联宇航员阿历克赛·列昂诺夫1965年丢掉的一副手套，它们现在都在太空的某一个地方围着地球不停地转呢。

第六章 太空实验

如果太空生活让你厌烦，那么为什么不在太空里养一些宠物呢？曾经有一群蜜蜂适应了太空里的失重状态，建立了它们自己的蜂房，而且宇航员也听到了真正的嗡嗡声了。宇航员还在太空里种燕麦和 8 。

第七章 造访月球

在1967年，一架无人驾驶的宇宙飞船在月球上落下了一架照相机，后来又被宇航员取了回来。科学家们惊奇地发现，在这个照相机的外壳上有活的 9 和干鼻涕。不要试图留下你的 10 ，因为从20世纪70年代以来，已经有50多吨垃圾被造访者留在了月球上。

答案

（满分10分）

1.i）宇航员出现失重现象，是因为他们的身体不再承受地球的重力了（我们所谓的"重量"只不过是地心引力作用在人体上的一个简单的量度）。

2.1）宇航员要带着护照。毕竟，你可能降落在国外或者外星球上。

3.f）如果你想抱怨太空的旅行生活，你就可以一直乘坐哼哼呻吟的火箭旅行了，哈哈。

4.a）你身体里的空气以一定的压力向外撑你，同时外面的空气以同样的压力在你身体上向里挤你，这样你的身体就保持了平衡。因为在太空中没有空气，所以你身体里的空气就爆炸了。这绝对是一个令人痛心的场景。

5.c）一颗人造小卫星降落在一个高尔夫球场上，我想它一定把高尔夫球场弄出了一个大洞。

6.h）

7.k）至少他不会丢香肠之类的东西——那一定会变成UFO（不明飞行物）。

8.b）植物可以正常生长，虽然有一些植物的根往往是向上生长，而不是向下。

9.d）微生物——是的，微生物可以在月球上生存（虽然它们不生长也不繁殖）。科学家相信微生物在太空也是存在的。

10.j）这些垃圾包括6个登月舱和3个月球越野车。好在他们没把活物丢在月球上！

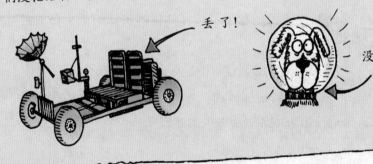

丢了！

没丢！

正式道歉

我们遗漏了最重要的一点。在失重的状态下，你的体液会倒流到你的头部，你会觉得像得了感冒一样。由于一些多余的液体还会进入到你的肾里，所以你将会老想小便。在太空你需要一个特殊的厕所，这个厕所可以防止失重的大小便在太空舱里四处飘荡。

有胆量去闯一下很多人以前没有去过的地方吗

那么，你怎样使用一个太空厕所呢？这里是使用的步骤，请把它们按正确的顺序排列，任何错误都会让你陷入难以启齿的境地（你每排好一个正确的顺序可以得到1分）。

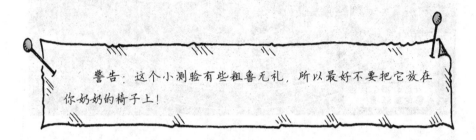

警告：这个小测验有些粗鲁无礼，所以最好不要把它放在你奶奶的椅子上！

a）不要忘记用一块特殊的抹布擦洗一下厕所和你下面的地方。

b）坐在厕所的座位上。

c）打开扇状口把粪便排出厕所的底部，否则就会弄得你满身都是。

d）紧紧抓住两边的把手，这样使你的身体不至于在关键时候飘出厕所。

e）把你最重要的那个东西与大小合适的漏斗或喷嘴连上，然后……不，我不打算说得很详细。

f）按动按钮来增加厕所的吸力。

答案

（满分6分）

b），e），d），c），f），a）。看了这些，你还想做宇航员吗？

让人眩晕的太阳系

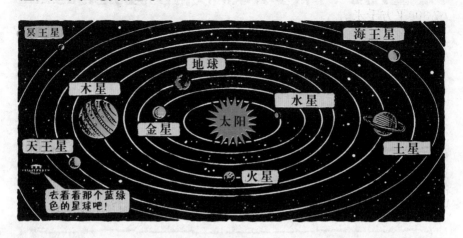

太阳系趣闻

下面是一些关于太空科学的有趣知识，看一看吧，算是给你的知识储备。

1. 雷达是一种通过分析从物体表面反射回来的无线电波，来发现和探测物体的技术设备。这种技术被用来"观察"金星的云层，并绘制出金星表面的地图，这幅地图比它所绘制的地球的地图还要清晰。

2. 在木星上，你会发现它有巨大的红斑——那其实是体积比地球还大3倍的巨大风暴！

3. 土星周围的环，每隔14年就看不见了，那是因为这些环是向土星倾斜的，所以当它们的端点对着地球时，我们就看不到了。

4. 在木卫一（木星4颗最明亮的卫星之一）上，因为火山爆发得太频繁，平均每10 000年就会把这个星球从里到外翻一遍。

5. 木星的另一个卫星——木卫二，覆盖着厚厚的冰，下面可能隐藏着广阔的海洋，里面还可能有外星生命潜伏。是不是不可想象？

6. 美国天文学家博西瓦尔·洛厄尔（1855—1916）曾经声称他在火星上发现了外星人开凿的运河。意大利科学家盖瓦尼·斯帕瑞里（1835—1910）在1877年也发现了这些标记，但是他认为那是火星的自然地貌。

7. 月球上最大的环形山和苏格兰的面积大小差不多——大概是 67 300平方千米。

额外奖励题

美国天文学家卫·利瓦伊说：

木星是太阳系的真空吸尘器。

他这句话的意思是什么？

a）木星能吸收太阳系的浮尘。

b）木星是电力驱动的，它的动力可以控制。

c）木星可以吸走彗星，从而阻止了它们撞击我们的地球。

（2分）

　　c）是的，木星的引力很大，吸走了很多的彗星。如果没有木星，我们生活的地球早已经被彗星击中了，人类也在很久以前就灭绝了。

谢谢木星……否则我们的损失将是天文数字！

糟糕的表白

一个天文学家说：

我研究的是
"蓝色掉队星"。

什么，你是说……

a）酷！"蓝色掉队星"是有史以来最受欢迎的流行歌手组合！

b）它们是一个星群，移动起来比其他的星星都要慢，看起来有点儿忧愁和可怜。这就是我们为什么把它们叫做"蓝色掉队星"的原因。

c）它是一个讨厌的家伙——如果它们曾经靠近过我们的太阳系，一定是上天想惩罚我们。

（1分）

c）实际上，"蓝色掉队星"是银河系中最大的一个恶棍。它们撞击其他的恒星，然后沿着这些恒星的轨道运行，借助万有引力的力量大肆吸收力量比较弱的恒星气体，自己变得越来越大，越来越亮。

小测验：令人惊异的宇宙

这里有一些关于宇宙的令人惊异的事实，我敢肯定太阳系里的老师没有人会知道这些事实。哪些事实是太离奇，而不可能是真的呢？请回答。

1. 当科学家们发现来自宇宙大爆炸产生的巨大热能时，他们开始还认为这是外星人干的！事实上，宇宙大爆炸是在宇宙开始膨胀的初始阶段发生的巨大爆炸。

2. 我们银河系里有成百万颗的钻石在太空中四处漂泊。

3. 宇航员在太空中已经发现了福尔马林。（这是真的，但是下面的对不对呢？）在地球上，我们学校的晚餐里也能发现这种化学物质。

4. 宇航员还发现了酒精在太空中四处飘荡。

5. 地球上所有的金子都是在太阳系形成前，由恒星的爆炸形成的。

（满分5分）

1. 错误。美国贝尔实验室的科学家在1964年检测到了热点快速运行时所产生的微波，这些热点是在宇宙大爆炸之后气体冷却时释放出来的。但是当时他们认为这些信号是他们雷达望远镜上的鸽子屎干扰的结果，他们还花了很长时间去清理鸽子屎，最后他们才意识到鸽子是无辜的。

2. 正确。银河系里到处都充满了钻石，差不多有10亿吨的钻石在那里四处漂泊——足够组成一个完整的行星了！它们实际上都是恒星爆炸的残余物。

3. 错误。福尔马林是殡仪馆用来保存尸体的溶液。

4. 正确。在太空中，一个化学云层里的酒精，足可以酿制 10 000 000 000 000 000 000 000 000（10亿亿亿）瓶威士忌。

5. 正确。黄金是在恒星爆炸的时候形成的。

你进行得怎么样

你已经漫游了宇宙，研究了太阳系——当你回来之后，说起话来是不是像一个科学巨星了，或者你变成了一个什么也不懂的外星人？

下面是你的分数表示的意义……

分 数 榜

低于10	10~25	26~39	40+
完全傻掉	似懂非懂	有点开窍	完全开窍

提醒你一句，在太空飘荡着的所有物质都有一个共同的特点——它们都是化学物质，也就是说它们是下一章的科学家们感兴趣的内容。知道我们要到哪里去吗？是取出那些试管的时候了！

混乱的化学

化学主要研究化学物质和化学反应——如果你把化学物质混合在一起或改变它们的温度，它们就会发生化学变化，生成一种新的物质。因此，如果你想和一个化学家聊天，你的反应最好能再敏捷一些——这里有一位天才的化学家能向你提供更多的内幕情况……

可怕的科学图解4

化学很酷！看看你的家里，你一定能找到洗衣粉、肥皂、消毒剂、油漆和染料——换句话说，它们都是化学物质！并且不管是哪里生产的化学产品，都是经过了化学家们的试验，然后把不同的化学物质混合起来，发生反应形成了新物质。我们化学家会突然出现在世界的每一个地方！我，现在正为一家化妆品公司做质量监督工作——也就是我要检验化妆品和香波里的化学物质，看看它们是否混合均匀了。当然，我因此得到了很多免费的样品，用都用不完！

说起混合——该做一些关于混合的小测验了。

找出那种物质

这里有一组化学物质。你要做的就是找出图中的哪一种化学物质是下面问题中说到的。

物 质

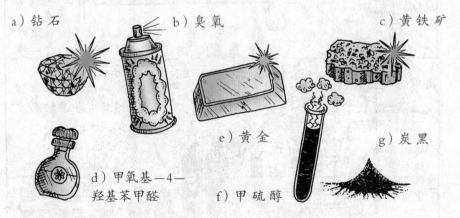

a）钻石　　b）臭氧　　　　　　　　c）黄铁矿

e）黄金　　　　　　g）炭黑

d）甲氧基—4—羟基苯甲醛　　f）甲硫醇

1. 这种物质有很好的延展性，只需要熔化火柴盒大小的一块这样的物质，你就可以用它铺满一块网球场。

2. 在这种物质里，你会发现有巴基洋葱和巴基小兔子。这些都是碳原子小球粒，并且（不管你相不相信）巴基洋葱实际上有洋葱一样的层，而巴基小兔子则有像小兔子一样的"耳朵"！

3. 1905年，有人送给英国国王爱德华七世一个由这种物质做成的礼物，他说：

如果我在路上看到它，我会把它当作一块碎玻璃踢到一边去。

4. 这种物质是在德国化学家克里斯坦·舍恩拜因（1799—1868）注意到他的实验室里有一种难闻的气味之后发现的。

5. 1578年，探险家马丁·弗罗比歇（1535—1594）冒着生命危险从加拿大的北部带回来了这种物质，他开始还以为那是黄金——结果不是。

这下我们发财了！

看这一船一船的金子！

那还用说！

6. 一小撮这种物质就可以让整个体育场充满难闻的气味（提示：这种物质在某种香喷喷的冰激凌中也有）。

7. 人的身体可以从芦笋中获取这种物质，它会让小便更加臭不可闻。在第二次世界大战期间，美国的飞行员如果不幸被击落，他们就喝这种芦笋汤。然后飞行员就在海里撒尿，去抓那些被臭味吸引过来的鱼。

你在开玩笑！！

答案

（满分7分）

1.e）实际上，如果你把世界上所有已经发现的黄金堆成方块，也可以放满那块网球场。

2.g）最早发现的碳粒是巴基球（见第62页）。

3.a）1905年，爱德华七世曾收到世界上最大的钻石作为生日礼物。实际上，天然的钻石看起来就像普通玻璃一样，只有在它们被仔细地雕琢打磨了之后，才会真正闪闪发光。

4.b）臭氧这种物质，在正常情况下是一种气体，一般是由强电流激发的化学反应生成的。是的，它就是保护我们不受紫外线伤害的那种气体（见第38页）。

5.c）黄铁矿被称做是"蠢人的黄金"，但是至少黄铁矿是一种建设道路时用得着的材料。

6.d）这种物质——甲氧基—4—羟基苯甲醛是从香草香味里浓缩出来的。

7.f）这种物质是甲硫醇——据说它能发出世界上最恶心的气味。它能散发出腐烂的卷心菜、大蒜、洋葱、烧焦的面包片和臭烘烘的厕所里的气味。你能想象得出吗？

可怕的原子

所有的化学物质都是由原子组成的。我们需要再一次拜访它们混乱的世界，来学习一个新的词语——分子。分子是由一堆原子组成的，这些原子结合到了一起，然后形成了一种特殊的化学物质。你理解了吗？

小测验：分子的数量

这是一个"多或少"的小测验，到现在为止，你应该多多少少了解了其中的一些规则。你要做的就是对每个问题回答"多"或者"少"。

1. 要用600万个原子才能装满一个顶针？（注：顶针，就是你妈妈给你缝衣服时，戴在手指上的那个小东西，它可以保护你妈妈的手指不被针戳伤。）　　　　　　　　　　（多／少）

2. 一茶匙水里的分子数量和满满一浴缸水是多少茶匙的数量相当。（不要现在就开始去数。）　　　　　　　　（多／少）

3. 每分每秒你身体里的细胞都在不停地死亡和脱落。对，大约是40亿个原子。　　　　　　　　　　　　　　　　　　　　　（多／少）

4. 巴基球是一种碳原子。它们的弹性很大，以至于你以每小时50千米的速度朝钢板扔去，它还会反弹回来，而不会像一只小虫子那样"啪"的一声，粘在挡风玻璃上。　　　　　　　　　　　（多／少）

5. 洛杉矶的空气中弥漫着一股热狗的气味。这种味道实际上是肉分子飘浮形成的，这些分子的总重量相当于200头大象的重量。

　　　　　　　　　　　　　　　　　　　　　　　　　　　（多／少）

（满分5分）

1. 多。需要600 000 000 000 000 000 000 000 000 000（6000万亿亿）个原子才能装满一个顶针。

2. 多。如果你把一滴水中的所有水分子都一个个地分开，然后把它们搅拌到大海里，你最终将会在每升海水中找到40个原来的水分子。那就意味着一茶匙水中的水分子的数量大约和大西洋可以舀多少茶匙的水的数量相当。

3. 少。大约只有400 000个——不必担心，这些都不是致命的，只是你身体中每2.25亿个原子中才有一个。

4. 多。即使速度高达每小时27 400千米，它仍旧会弹回来。

5. 少。只有4头大象的重量。提醒你，很幸运没有人用大象去做汉堡包。

糟糕的表达方式

他在说什么呢？

a） 那是我曾经称过的宠物鼠。

b） 你是在研究原子的质量吧？

c） 弹性物质的分子——嗯，迷人。

（1分）

b） 摩尔是科学家拿来计算原子质量的一种单位。你不可能称量一个原子，因为没有那么小的天平。

小测验：极重要的化学

一个很有趣、简单易懂的小测验——如果你答对了！你要做的就是把每一种产品和它的成分正确地搭配起来。你能做到吗？

产品

1. 轻巧细长的剑（击剑运动所使用的那种剑）和喷气式飞机是用＿＿＿制成的。

2. 罗马牙膏是用＿＿＿制成的。

3. 维多利亚帽子包含＿＿＿＿。

4. 肥料中包含＿＿＿＿。

5. 古埃及使用的胶水是用＿＿＿制成的。

6. 厕所里使用的纸是用＿＿＿制成的。

7. 人造假肢是用＿＿＿制成的。

8. 铅笔芯里包含＿＿＿。

9. 在19世纪70年代，一些口香糖包含＿＿＿＿。

10. 在维多利亚时代，高尔夫球的中心包含＿＿＿＿。

成分

a）干酪

b）有毒的水银

c）在腐烂的鸟粪和死鱼里发现的一种物质

d）硫黄酸

f）海藻　e）蜂蜜

g）石蜡

i）黏土

j）尿

h）一种叫凯夫拉尔的坚硬的合金（金属的混合物）

答案

（满分10分）

1. h）凯夫拉尔有两种用途——喷气式飞机和击剑运动用的剑。它肯定是决斗用的理想材料。

2. j）氨是从尿液中发现的一种化学物质，在罗马时代却被用来做牙膏。不知道用这种牙膏刷过的牙齿会是什么味。

3.b) 水银会使帽子变硬，这种有毒的化学物质能使人变疯。

早上好，琼斯先生。

见到你很高兴，高兴得都快疯了。

4.c) 肥料里包含磷酸盐。瑙鲁的快乐岛是太平洋中部的一个小岛，它就是由半腐烂的鸟粪和死鱼的尸体形成的磷酸盐堆积成的——想去那里度假吗？

5.a) 古埃及人用干酪来做胶水。他们把从牛奶中提取出来的乳清和石灰混合起来做成胶水。在19世纪初，人们发现在潮湿的环境中这些胶水又变成了黏糊糊的干酪，人们只好把它扔到了垃圾箱里。

6.d) 硫黄酸（是的，和在金星上发现的那种酸一样）用来做成一种厕所用纸。这种纸放在酸里浸过，当然浸过之后酸又被洗刷掉了，否则会烧烂你的屁股的。

7.f) 人造假肢是用塑料做成的，但是它们有的含有一种从海藻中提炼出来的化学物质。

8.i) 黏土是铅笔"芯"的一种成分。黏土和石墨（碳的另一种存在形式）混合在一起后被烘烤干，烘烤是为了增加铅笔的硬度。

9.g) 石蜡是一种燃料油，含有这种成分的口香糖品尝起来肯定让人恶心！

10.e) 真没想到！

额外奖励题

下面哪些产品不包括海藻？

a) 头疼药

b）电灯泡

c）剃须膏

（2分）

b）但是海藻却可以帮助我们制造灯泡里的钨丝。它可以使钨丝更柔韧，以便钨丝能被拉长做成灯丝。

小测验：化学的恶作剧

如果这些故事发生在4月1号，那么你认为哪一个是愚人节的恶作剧？如果你认为是，就回答错误；如果你认为不是，它们是事实，就回答正确。

用这个小测验去考考你的朋友，如果他们回答错了，不要忘记大叫一声"傻瓜"！

1.

1970年美国空军新闻

空军闻到了胜利的气息

美国空军的航空后勤师曾经试验过一种臭味武器。

一位发言人说："我们不能确定这是否是事实，"但是他补充说，"空气中确实有股怪味！"

轰！

2.

法国染料的新闻

····· **1859** ·····

血战的纪念

新近发明了一种血红/紫色染料，为了纪念在马让塔（Magenta，法国一城镇）最近发生的一场战斗而被命名为Magenta（绛红色）。拿破仑三世说："当我们的士兵在马让塔战场上流血牺牲的时候，我的化学家刚好提取出这种染料。现在他们渴望给这种染料取这个名字，以纪念死去的战士！"

3.

旧金山时代——1999年
干酪的惊人之事

科学家们已经发现了一种能把陈点心的干酪气味变成美味食品的调味料。一位科学家说："它是安全的、便宜的、有益健康的。但对那些不喜欢它的人来说，它还是硬硬的干酪。"

4.

联邦新闻——1864年
为胜利而小便！

在这次伟大的南北战争中，我们可能正在为缺少弹药而发愁，但是你的小便中却含有硝酸盐，我们可以用这些化学物质制作硝石——一种非常重要的火药原料。所以我们呼吁大家把小便贡献给伟大的战争——每一壶都是一次射击！

5.

巧克力杂志——2000 年

我的巧克力吃起来有点菠菜的味道！

科学家们发现巧克力的一些味道是来自一种菠菜也含有的化学物质。所以父母和老师们现在鼓励孩子们要多吃菠菜。

6.

房地产开发的时代——1987年

一种浸水的硬纸板可以缓解建筑材料的紧缺。

德国化学家发现了一种浸水的硬纸板，可以被用来作为建筑材料。一位建筑者说："我们开始觉得这种硬纸板有些水分，但是事实却证明它是足够坚固的。"

7.

这是什么烧烤野餐

科学家炸掉了我的户外烤肉！——1996年

美国一位电气技术工程师在一次烧烤野餐会上想检验一下液体氧气能否用来做燃料，结果试验失败，炸掉了他的烧烤野餐会。震惊的乔治·格伯事后说："我失败了——我真的希望这是一次不错的烧烤野餐。"

答案

（满分7分）

1. 正确。来自世界各地的不同地方的人被测出了哪一种味道是他们感到最恶心的味道。例如：来自缅甸克伦邦的人最厌恶烹煮肥肉的味道……他们本来还打算测一下学生对学校饭菜的厌恶程度，但是这个测试却被校方无理地拒绝了。

2. 正确。这种染料是法国化学家们在1859年发明的。

3. 错误。傻瓜！不要相信那个，那只不过是说学校饭菜难吃的笑话。

4. 正确。美国内战时期（1861—1865），联邦政府迫切要求人们在尿壶中小便，派一种特制的车到处收集这种宝贵的液体。

5. 正确。巧克力中含有草酸——就是使菠菜有点苦味的那种物质。其实巧克力也有点天然的苦味，但是加入的糖使你尝不出来了。

6. 错误。傻瓜！这种观点根本就站不住脚。

7. 正确。氧气是空气中我们呼吸的气体，同时它也是空气中使物体更容易燃烧的气体，所以物体在纯氧的环境中，会燃烧得非常快。

双倍额外奖励题（答对了你将得到4分！）

1999年，一位英格兰玩具店的老板碰巧倒在了一罐用来充气球的氢气上，充气管口正好刺到了她的身体里，她就像一个气球一样慢慢地膨胀起来。下面发生了什么?

a）她爆炸了。

b）氢气比空气轻，所以她像气球一样飘到了天花板上。

c）开始她的身体不断地膨胀，但幸运的是后来膨胀逐渐消去了。

（4分）

c）她的胃慢慢地膨胀到了原来大小的两倍，她非常害怕自己会爆炸，幸好后来她的身体慢慢地放出了这些气体。

糟糕的表达方式

一位化学家说：

真是个恐怖的超级噬食者啊！

啧啧！

我不知道你在胡扯些什么！

（1分）

超级嗳食者是一种工业海绵的别名，它是美国化学家在1974年发明的一种化学物质，这种物质可以在潮湿的环境中吸收相当于它自身重量1300倍的液体。它可以用来制作小宝宝们的尿布！

尝试发现肥皂是怎样起作用的

你需要准备：

▶ 烹饪油
▶ 肥皂
▶ 一只手

你需要做：

1. 倒一点凉的烹饪油在你的手掌上，用你的手指轻轻地揉搓。

2. 把你的手放在水龙头下，反复搓洗。

3. 涂上些肥皂，再次用你的手指揉搓你手上的肥皂，再把手放在水龙头底下冲洗干净。

你注意到了什么？

a）第一次冲水之后，我的手感觉不那么黏了；但是涂上肥皂之后，却变得黏了。

b）第一次冲水之后，我的手感觉还是那么黏；但是涂上肥皂之后，就不那么黏了。

c）第一次冲水之后，我的手感觉有点冷；但是涂上肥皂之后，感觉变热了。

（2分）

b）烹饪油含有不和水相溶的化学物质（在所有的脂肪中都有），所以在第一次用水冲洗你的手的时候，不可能把所有的油都冲洗去。肥皂有两种极性的分子——一种极性分子能与水分子相结合，叫亲水基；另一种能和油分子相结合，叫疏水基。这样肥皂分子就能把油分子和水分子连起来，最后水把肥皂和油一起冲洗掉了。

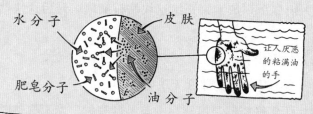

可怕的加热

地球上所有的化学物质一共有3种状态：固态，液态，气态。就拿老师的这杯茶来说……

"物态"（化学家这样称它们）之间的区别是温度造成的。（不同的物质在不同的温度下会呈现不同的形态。理解了吗？）

现在你可以往下做小测验了……

小测验：物态

在这个小测验中每个问题有 3 个可能的答案：气体、液体或者固体，你能给出正确的答案吗？

1. 煎鸡蛋时，鸡蛋粘在了锅底是因为蛋清中含有一种叫做蛋白质的物质。一旦鸡蛋做熟了，蛋清是什么状态？

2. 低温冷藏技术就是用温度非常低的氮（一种空气中的化学物质）来保存尸体。这里的氮是什么状态？

3. 1695年，一位非常富有的绅士给了两个科学家一块钻石做实验。他们在太阳底下用放大镜来给这块钻石加热。最后这块钻石变成什么状态？

4. 玻璃是什么状态？

提示：答案不是你想的那么简单！

5. 法国埃菲尔铁塔的高度实际上与温度有关。当天气热时，所有的金属都膨胀，铁塔就长高了15厘米。这种情况下金属是什么状态？

6. 20世纪20年代，华盛顿大教堂的铅皮屋顶变成了什么状态？

7. 1930年，5个德国伞兵跳进了雷雨云里，冷空气把他们变成了人体冰雹。他们的身体表面是什么状态？

答案

（满分7分）

1. 固体。加热过的蛋白质会变硬，并黏结成小块。

2. 液体。氮在通常情况下是气体，但是在非常寒冷的环境下它就变成了液体。美国一家低温冷藏公司曾经在公墓租了一个冷藏尸体的地方，但是后来被驱逐了，因为当地居民在晚上被墓地里出现的幽灵般的影子吓坏了。那些尸体最后被放在了车库和地窖里。

3. 气体。加热之后突然变成一阵烟消失了。钻石实际上是碳的一种形式，像木炭一样，如果它们足够热的话，就会烧着。所以让我们祈祷那位绅士不要再想他的钻石了。

4. 液体。玻璃是由沙子和其他化学物质熔融在一起形成的。虽然感觉起来它就是一种固体，而实际上它是一种流动缓慢的液体。没想到吧！

5. 固体。那座塔仍然是固体。

6. 液体。炎热的夏天融化了那个房顶。后来，人们不得不在这个房顶混入一些其他的化学物质——锑，来改善这种状况。

7. 固体。冰雹是由结冰的水滴形成的。这些小水滴随着越来越多的水在上面冷却而越来越大，一直到云层里的空气气流不能托住它为止，它就掉下来了。这些伞兵就是这样全身被覆盖了一层厚厚的冰，结果5个人都死了。

额外奖励题

一些生活在南极洲的鱼在它们的血液里含有某种防冻剂，这种物质可以防止它们在冰冷的水中被冻成坚硬的冰块。这种防冻剂里有一种化学物质可以阻止在它们的血液中形成的冰晶继续生长。请说出这种防冻剂的两种用途。

提示:

手术刀

答案

（2分）

　　科学家们希望利用这种化学物质，找到怎样把人体器官冻结，进行器官移植和使冰激凌的质地纹理更加光滑细腻的方法。也许他们会把这两种技术结合起来，创造出具有人体器官风味的冰激凌来！（嘿嘿，开个玩笑！）

你进步得怎么样

　　现在你要做的就是算算你的分数。下面是分数的意义……

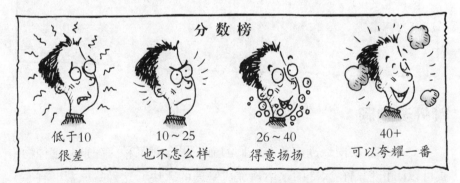

分 数 榜

低于10	10~25	26~40	40+
很差	也不怎么样	得意扬扬	可以夸耀一番

　　有人刚才提到鱼了吗？好了，当我们说到这个主题的时候，你知道有这样一种鱼在太阳底下会融化吗（或者像一位化学家那样表达"从固体变成了液体"）？你是否认为这听起来有一点奇怪？下面你要绞尽脑汁地去努力对付下一章了。

　　那里同样充满了可怕的事实！

古怪的生物学

生物学是一门研究活着的，或者说是有生命的东西的科学。现在，我希望你们能知道所有关于生命的东西——我的意思是，你是一个生物，而且你的老师也是。然而像任何一门学科一样，生物学的内容也远远比我们所看到的要多。这里有一个生物学家对生物学的解释。

可怕的科学图解5

想象一下，任何一个植物、动物或者微生物。如果它是活的，我们就想弄清楚它是怎样生活的；如果它已经死了，我们可能就想把它切开，来看看它里面有什么。

研究植物的科学家＝植物学家

研究动物的科学家＝动物学家

研究植物和动物在一个地方怎样生活在一起的科学家＝生态学家

我是一个研究扁形虫的人，非常喜欢它们和它们所有让我着迷的微小行为。你知道把一条虫子切成两半，然后它就能长成两条虫子吗？我在大学的时候研究的是：在虫子的背后为什么又长出一个新脑子——很有趣的！有一天，我突然冒出一个有趣的想法：钻到一个细细的，有臭味的淤泥滩里去，到这些蠕虫的天然小窝里好好地研究它们。

实际上，在这一章中你将会看到：有一些生命形式并不像蠕虫和蝴蝶那样友好。你碰到的某些生物很可能会趁你不注意咬你一口，而那只不过是一种植物……

恐怖的植物

植物是有生命的（通常是绿色），它们可以利用太阳光把空气中的二氧化碳转化成食物——一种叫作光合作用的技巧。食小虫的植物通常也吃昆虫，并且对于它们来说，那些滴下来的血味道相当不错……

小测验：配制你自己的肥料

选择下面原料中的 3 种来配制一份传统的肥料。

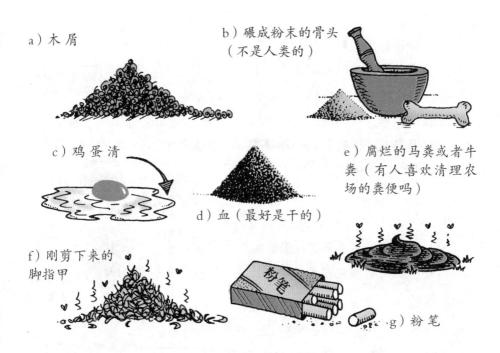

a）木屑

b）碾成粉末的骨头
（不是人类的）

c）鸡蛋清

d）血（最好是干的）

e）腐烂的马粪或者牛粪（有人喜欢清理农场的粪便吗）

f）刚剪下来的脚指甲

g）粉笔

答案

（满分3分）

b）、d）、e），这些物质在化学成分上含有丰富的植物生长所需要的矿物成分，它们可以让植物生长得更茁壮，更健康。实际上，你也需要这些矿物质，只不过你可以从多种食物中获取它们，所以你不必吃干血和骨头了。

小测验：恶意的植物

在这个小测验中你要做的就是把问题和它正确的答案搭配起来。

问题

1. 如果你把一块网球场大小的花园里所有植物的根都展开并连到一起，其长度是从这里到____距离的两倍。

2. 是什么让游客站在日本阿寒湖的岸边，凝视着水面？

3. 世界上唯一的土豆博物馆在哪里？

4. 发烧莴的名字是怎样来的？

5. 什么可以帮助吊兰茁壮健康地生长？

答案

a）植物在水中忽上忽下

 b）爱达荷州，布莱克福特。

 d）月球

c）这种植物比周围环境的温度要高

e）它们喜欢喷洒一点福尔马林

答案

（满分5分）

1.d）

2.a）这是一种浮萍。像其他的绿色植物一样，它们通过光合作用来获取营养，并且释放出氧气作为副产品。当它们开始释放氧气的时候就浮上来，释放完之后就沉下去。这些植物在水中钻进钻出、忽上忽下，成为了一处吸引游客驻足观赏的胜景。

3.b）博物馆中一件珍贵的展览品是来自秘鲁的一个有2000年历史的大土豆。顺便提醒你一下，你们学校用来做午餐的土豆，可能比它还老。

4.c）叶子中的化学反应使它们的温度要比周围的环境高出几摄氏度，它们甚至可以把雪融化。

5.e）科学家还搞不清这是为什么。这种植物叶子上的气孔可以吸收化学物质，来帮根部更好地生长。

小测验：残忍的花和恶毒的果实

果实和鲜花本来总会让人联想到夏天美丽的蝴蝶，勤劳的蜜蜂围绕着美丽的小花园嗡嗡地飞来飞去，花园里长满了紫罗兰，还有和蔼的老园丁在牵牛花架下悠然闲逛。好了，那可能是你读到的一本不错的小故事书——但是这里是可怕的科学，这个小测验是非常残忍的花和水果沙拉的噩梦！

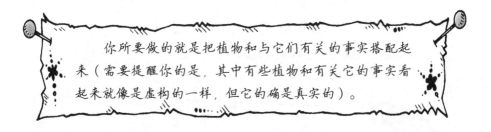

你所要做的就是把植物和与它们有关的事实搭配起来（需要提醒你的是，其中有些植物和有关它的事实看起来就像是虚构的一样，但它的确是真实的）。

植物

1. 一种澳大利亚的槲寄生

2. 大王花

3. 香蕉

4. 水中的风信子

5. 丝瓜

6. 夜来香

7. 刚竹

8. 地中海喷瓜

事实

a）它发出臭味来吸引苍蝇。

b）这种植物生长在树上，它有用来粘住鸟屁股的黏性的种子。

c）是湖泊的破坏者。一个个体可以在几个月内繁殖60 000多个。

d）每120年开一次花。

e）它可能用绿色的黏液喷你。

f）它的花只有在晚上才开放。

g）在洗澡的时候，人们用这种植物的果实搓背。

h）这种无核的果实不是长在树上的。

（满分8分）

1.b）澳大利亚槲寄生，当鸟吃了它们的种子后，它们便会从鸟粪中长出来。如果鸟在某棵树上擦屁股，种子就可能在这棵树上发芽生长。

2.a）大王花也被称为"臭名昭著的百合"。它腐烂成一个黑色发臭的大块，你可以把它作为一个可爱的圣诞礼物，送给你的老师。

3.h）香蕉不是长在树上的。香蕉是一种巨大的植物，而且香蕉的果实是特殊的无籽繁殖，因此吃起来很容易（香蕉里的小黑点就是我们要找种子的地方）。

4.c）世界上很多地方的淡水湖都被可怕的水生风信子给塞满了。

5.g）丝瓜是一种酷似葫芦的热带果实。果实被风干之后变得坚硬而且粗糙。在第二次世界大战时，这种果实中的纤维还被用来做钢盔的衬垫。

6.f）夜来香白天不开花，晚上才开。它的油被用来治疗皮肤病——湿疹。

7.d）最奇怪的是：不管在世界上的哪个地方，这种竹子都是开了花后，就立即死掉了。

8.e）它保证会让你学校里的午餐，从此变得热闹起来。

你能成为一个食虫植物方面的专家吗

人们已经发现了食虫植物的很多用处。下面哪些是正确的？（选3个）

a）吓跑夜贼

b）赶走铺盖中的虱子

c）使牛奶凝固

d）圣诞节的装饰品

e）治疗疣和鸡眼的一个经典的方法

f）预报天气

（满分3分）

b）捕虫堇是一种食虫的植物，它的叶子有黏性，欧洲很多地方的百姓都用它来抓床上的虱子。

c）捕虫堇的汁液还可以凝固牛奶，凝乳可以制成奶酪。

e）茅膏菜是另一种有黏性的植物，有一种油膏就是用它的汁液制成的（不幸的是，不太好用）。

致命的微生物和暴躁的昆虫

现在该让我们说说那些小东西了，特别是非常非常小的那种。昆虫的种类是其他所有动物总和的很多倍，而微生物的种类又比昆虫的种类多得多……

小测验：有关细菌的难以置信的发现

这里有5个发现新细菌或者微生物的地方——唯一的问题是：其中有两个地方是假的。哪些是假的？哪些是真的呢？

a）东湖——一个深埋在南极冰雪下的地下湖泊

b）一只龙虾的嘴里

c）瑞士一座活火山的深处

d）一只黄蜂的尸体里

e）街头钠光路灯发光的灯泡中

哎呀，我希望不是b）！

（满分5分）

假的选项是……

c）在瑞士没有活火山。

e）钠光灯的热量可以杀死任何细菌和微生物。

其他的正确……

a）科学家在这个湖的冰下面，发现了一些新型的奇怪的微生物，并给它们起了个好听的名字"米老鼠"和"克林贡"。科学家们相信这片水域可能是在地球上已经消失了2500万年的微生物的乐园。

b）共生生物，最早在1995年被发现，仅仅有1毫米长。实际上，多少年来人们吃龙虾的时候，一直在狼吞虎咽地吃着这些小东西，却从来没有人注意到它们！

d）屑蛲是一种长着100只眼睛的小东西。尽管人们对黄蜂的研究也有很多年了，但是在1995年以前，从来没有人注意到屑蛲。但是，我想屑蛲却早已经注意到我们了。

讨厌虫子的真假测验

这是一组简单的小测验——你只需回答每一个问题是正确或错误。但是有个讨厌的新规则：你每回答错一个问题，就要倒扣1分。所以你需要找一个人帮你读这些测验，并且要注意你的分数！

1. "麦格森大赛"是由国际蛆虫比赛委员会在美国的蒙大拿州组织的一场蛆虫比赛。　　　　　　　　　　　　（正确／错误）

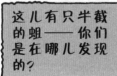

这儿有只半截的蛆——你们是在哪儿发现的？

在你午饭吃的苹果里。

2. 在火星上已经发现昆虫。 （正确／错误）

3. 苍蝇可以通过脚来尝东西。 （正确／错误）

4. 提醒你一下，不要太紧张，姬蜂可以通过它的脚来听声音和闻气味。 （正确／错误）

你得再大点儿声，我今天穿着鞋呢。

5. 巧克力甲虫只吃巧克力。它会偷偷摸摸地钻到你的家里，然后狼吞虎咽地吞下整条的巧克力。 （正确／错误）

6. 狼蛛会发射小标枪去刺杀老鼠。 （正确／错误）

7. 海参是一种海里的鼻涕虫，它可以向攻击者喷出自己的内脏，来保护自己。 （正确／错误）

8. 美国亚利桑那州的菲里斯提·惠特曼，可以让蜘蛛在网上拼写单词，让蚂蚁在生菜叶子上啃出图案。 （正确／错误）

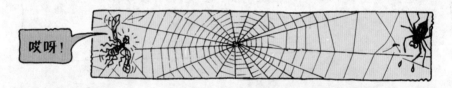

哎呀！

答案

（8分）

1. 正确。跑道只有30厘米长。

2. 错误。

3. 正确。它们尤其擅长品尝糖的味道。实际上，苍蝇脚的味觉功能远比你的舌头要强好多倍。

4. 正确。母姬蜂的脚可以嗅到躲在树皮下面的蚧蟥的幼虫。它们专门用来下蛋的管状器还可以透过树皮，刺到这些幼虫的身体里，然后把卵产到这些幼虫的体内。当这些卵孵化成姬蜂的幼虫，它们就住在里面，吃它们的宿主，快乐地生活！

5. 错误。你家里巧克力神秘地丢失，可能和你的妈妈有一些关系。

6. 正确。南美洲有一种吃老鼠的蜘蛛，它们把腿磨得很硬，形成一簇尖尖的毛状物，可以刺进猎物的肉里，使猎物感到一种火烧般的灼痛。

7. 正确。等攻击者吃内脏的时候，海参会乘机逃跑，并很快长出新的内脏。

8. 正确。不管你信不信，她确实可以教她的蜘蛛在网上拼写单词"你好"，她还能教会一群蜜蜂落在她的头上形成一个帽子的形状。也可能她只是在她的帽子里放了一只蜂王吧……

小测验：昆虫的新闻

欢迎来看专门为昆虫办的第一份报纸。你能指出下面文章中 4 处愚蠢的错误吗？

昆虫新闻

蛾子命运的神秘预测

6月——小心蜘蛛，你们当中的有些蛾子在这个月末，可能要遇到来自蜘蛛的危险。

继续

痛苦的一页

痛苦的蚂蚁姑姑

亲爱的蚂蚁姑姑：

　　我是一只黑色的蚂蚁女王。我的问题是我刚刚建了一个蚁巢。我还需要更多的能量来下蛋，但是我没有食物了——我该怎么办？

　　　　您的

　　　　爱卫·派克史

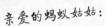

亲爱的蚂蚁姑姑：

　　我是一只蚬蝶的毛毛虫，我现在有一个非常可怕的问题。有一群黄蜂老围着我嗡嗡地乱飞。我想它们一定是想吃了我！

　　救命啊！！！

　　我该怎么办？

　　　　艾·瑞格

亲爱的爱卫：

　　为什么不吃一点你自己的身体呢？你很快就会填饱肚子的！我想你应该吃点你的翅膀吧。你现在正要下蛋，要翅膀有什么用呢？飞吗？你应该学会用你自己的5条腿站着。

亲爱的瑞格：

　　不用担心，小家伙。赶快先把你身上的那些突出的小毛毛磨掉，我们会立即赶过去救你。我们会给那些黄蜂点颜色看的，但是你要记住：你要送给我们一点你们毛毛虫身上特有的汁液喝。

提供鼻涕虫的汁液

- 供应各种鼻涕虫！
- 圣诞节购物狂潮前的最后抢购！
- 选择光滑细腻的汁液来润滑表面，选择浓稠的黏液来保护你下面的敏感地带。
- 还有我们鼻涕虫用来吓走刺猬的有毒的气体零售。

你需要一些丝线吗

试一试真正的蜘蛛网吧。它比尼龙钓鱼线还要结实，比合成纤维还要结实10倍，而且它是用百分之百的苍蝇的肠子织成的。

家蝇的礼仪书

家蝇——你曾为你在餐桌上的不礼貌行为感到难堪吗？你曾把你消化的汁液粗鲁地呕吐到别人的三明治上，并且又吸回去了吗？

买这本书吧，你就可以学会怎样

以一种文雅的姿势来呕吐了。

假期选择

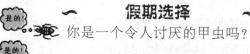

你是一个令人讨厌的甲虫吗？

你咬下来的地毯总是比你吃下去的还多吗？

为什么不去享受一下甲虫的间歇休息法呢？对，你可以在北极的雪地里打盹长达14年，然后等天气暖和了再醒来。

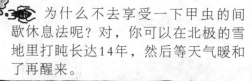

小版

你将会看到南极极光，但是在那之后，你只能再活几个星期了。

（满分4分）

1. 蚂蚁和其他的昆虫一样，是6条腿，而不是5条腿。
2. 鼻涕虫不会产生有毒的气体。
3. 蜘蛛网是蜘蛛自己的丝织成的，并不是苍蝇的肠子织成的。
4. 你不可能在北极看到南极极光，但是你可以看到北极极光。

额外奖励题

蚊子有牙。这是真的，这里还有一个问题可以详细讨论：一只蚊子有多少颗牙齿？（提示：答案是 5 乘 16，再除以 2，再加 7。）

(答)(案)

（2分）47颗。

下面的内容听起来有点乱，但是乱得很有趣……

小测试：动物观察者

你能把下面的动物和它们的名字搭配起来吗？（提示：所有的动物都有非常容易被误解的名字。）

动物名字

a）眼镜蛇

b）小龙虾

c）响尾猫　　　e）萤火虫

d）裸鼹鼠　　　f）麝猫　　　g）角蟾

（满分7分）

1.c）响尾猫是一种有点像小浣熊的动物（但肯定不是猫）。

2.d）裸鼹鼠是一种既不是鼹鼠也不是老鼠的小动物，它更像是在地下打洞的非洲几内亚裸猪。有位科学家管它叫"有锐利长犬齿的火腿肠"——我希望你的宠物能比它好看一点！

3.b）小龙虾是甲壳类动物。

4.e）萤火虫属于甲虫类。

5.a）眼镜蛇是蜥蜴的亲戚……

6.g）就是有角蟾蜍。

7.f）麝猫接近于猫鼬。

额外奖励题

上面的哪种动物有助于冲咖啡？

（2分）

麝猫，这种动物靠吃咖啡豆为生，在它们的粪便中含有半消化的咖啡豆。这可是世界上最昂贵的咖啡（在时髦的餐馆中一杯要10英镑）。但是如果你问咖啡豆是从哪里来的，是很不礼貌的。

你能当一名科学家吗

科学家测试老鼠，看看它们集中精力做一件事情而不厌烦，能坚持多长时间。他们发现了什么？

89

a）老鼠可以坚持集中精力数个小时，只有在完成了当前的工作之后才去做其他的事情。

b）老鼠喜欢同时做2件或3件工作。

c）老鼠在一件工作上只能集中精神30秒（比一个5岁的小孩要长29秒）。

（1分）

c）科学家发现：老鼠经过训练以后，可以学会通过使用杠杆获取食物。但是如果它等待的时间超过30秒，就开始变得不耐烦了，并且走来走去。在上课的时候，你能坚持多长时间不走神呢？

额外奖励题

20世纪70年代，美国巴尔的摩的艺术家贝特西卖掉了她的60多幅绘画作品。谁是贝特西呢？（提示：贝特西多毛，住在动物园里。）

（2分）

贝特西是一只黑猩猩。她做得确实不错——著名的艺术家文森特·梵高（1853—1890）一生创作了能卖数百万英镑的画，但是在他活着的时候只卖出了一幅。

双倍分数额外奖励题

生活在英国特威克劳斯动物园里的倭黑猩猩最喜欢看什么书？它喜欢这本书的程度就像你喜欢过圣诞节一样。

a）当然是《可怕的科学》丛书了！

b）这是个骗人的把戏，猩猩不能读书。

c）关于黑猩猩的书。

（4分）

　　c）它确实读不懂，但是它会对书上的插图感兴趣！它甚至亲吻图片中的黑猩猩。这证明：要看懂这套《可怕的科学》丛书，你确实需要比动物园里的倭黑猩猩聪明一点。

什么破玩意儿！

小测验：好玩的金鱼

　　这个真实的故事中的问题要采取阶梯式的测验方式。找一个人给你读题，一次只读一个问题。如果这个问题你答对了就可以升一级，继续答下一个问题，答错了就停止测试。你每答对一个问题，就可以得到一分。

　　在1999年的冬天，一个小女孩在壁炉边的地毯上看到了一条金鱼。她就跑去告诉她的妈妈。她的妈妈也非常吃惊，立刻把金鱼放到了一碗水里。

妈妈，快！

是得快点！

　　1. 金鱼怎么会在壁炉边的？（提示：她家里没有养金鱼。）

a）它是从烟囱里掉下来的。

b）它是邻居家的猫带来的。

c）它是从窗户跳进来的。

（1分）

a）如果你回答得正确，可以继续。

2. 好，那鱼是怎么掉进烟囱的？

a）有人开了个玩笑。

b）一只鸟叼着鱼，不小心掉了。

c）鱼是被一阵奇怪的旋风从池塘
里卷着吹进来的。

（1分）

b）这只鸟可能是一只苍鹭。如果你回答正确，可以继续。

3. 这条鱼后来又发生了什么事情呢？

a）这条鱼死了，它的尸体被邻居的猫偷吃了。

b）鱼生活得很好，并且有了一个不错的家。

c）鱼病得很严重，并且由于害怕而变得全身发白了。

（1分）

b）鱼很好，只是身上留下了鸟嘴的痕迹。如果回答得正确，下面有个问题，是关于金鱼和科学家的……

4. 一个科学家想弄清楚：如果在碗里也制造出大波浪来，金鱼会不会像晕船那样的发晕（顺便提一下，这里是另一条金鱼）。他发现了什么？

a）发晕？哈哈！你一定是在开玩笑，金鱼喜欢波浪！

b）是的，它们确实发晕。

c）金鱼跳出了碗，打在了科学家的鼻子上。

（1分）

b）金鱼只能生活在河流里——它们不适应海里的波浪。

残忍的生物

下面是一些有趣的小资料，绝对真实。你可以讲给你的朋友们听！

1. 据许多生物学家说：世界上最恶毒的捕猎者是一种来自北美的短尾巴地鼠，被它咬一口的毒性足以毒死200只老鼠。

2. 如果一只鳄鱼要攻击你的话，最好的抵御办法是：抓住它的鼻子，捂住它的嘴。鳄鱼张开嘴的肌肉非常弱，甚至连一个病重虚弱的人都可以做到。

3. 僧帽水母是一种生活在热带海水中的水母。它蜇了你以后，能让你全身神经麻木，在巴哈马群岛和马约卡岛上的当地人相信：最好的处理方法就是找一个人往你的伤口上撒尿。

4. 一种有锯齿鳞的毒蛇的毒液，能使你的血液不能凝固，同时它还含有一种化学物质能溶解你身上的肉。被它咬到之后，伤口周围的肉就会开始腐烂，并且止不住地流血。被咬伤的胳膊或者腿，有时候不得不锯掉。

5. 一种生活在太平洋的寄居蟹简直就像强盗一样，它们能爬到树上吃椰子果。这种残忍的寄居蟹，也可能咬掉你的脚指头。

6. 1685年，一艘船在苏格兰的北罗纳岛触礁沉没。船上的老鼠都游到岸上，吃光了所有的食物。茫茫无际的大海阻止了荒岛上的人逃生，最后他们都饿死了。

7. 加拉帕戈斯群岛的尖嘴地雀主要是吃植物的种子，但是它同时也是一个吸血鬼，经常在海鸟的翅膀上啄一个洞，喝它们的血。

8. 霍加狓（一种像斑马的哺乳动物，实际上与长颈鹿更接近）可以用它长达36厘米的舌头来洗脸和耳朵，你能吗？

额外奖励题

贝尔鱼生活在俄罗斯西伯利亚的贝加尔湖。它们身体的1/4以上都是油脂。如果你把它们放在太阳底下，它们就会化掉。它们还有什么不同寻常之处呢？

a）它们可以在水上走路。

b）它们可以倒着游。

c）它们有透明的身体。

（2分）

c）世界上没有一种鱼可以做到 a）或者 b）。

当心！熊的小测验

　　北美洲的熊很凶猛。一只黑熊能长到人的 3 倍重……是个真正的大笨熊。曾经有一只灰熊把一个阿拉斯加猎人的脑袋拍成了两半，而且那是在灰熊被射穿了心脏以后拍的。那一定是一个恐怖的场面。

　　下面有一些对付熊的好办法，你现在需要决定："要做"还是"不要做"。

怎样对付熊

（满分10分）

要做的：

2. 熊能嗅出血的味道——它可能认为一个受伤的人吃起来会更容易一点。

3. 放松一点——熊知道你在那里，大喊大叫可能吓跑它们。但是如果你看到它的时候，它还没发现你，你最好安静点，以免激怒它。

6. 慢点后退！

8. 熊可能会对你失去兴趣，但是如果它真饿了的话，也很可能会嚼你的腿。要是那样的话，尽量不要动。否则熊可能把你剩下的部分也吃了。所以假如你跑不掉的话，就只能装死了。

9. 这是一个对付灰熊的好主意，但是黑熊会爬树，如果你发现裤子被撕掉了，那么你后面跟着的一定是一只黑熊。

不要做的：

1. 这绝对是个坏主意——熊爱吃野果，但是如果它们发现了人类，则更可能攻击人类。

4. 熊喜欢巧克力，可以在很远的地方就闻到巧克力的味道。虽然熊会很高兴接受你的巧克力，但是它可能会心不在焉地把你的胳膊也一起吃了。

5. 汉堡的气味可以吸引熊。如果你已经吃了汉堡，它们可以从你的衣服和呼吸中闻出来。

7. 在熊的语言中，这好像是说："哦，宝贝，你看起来好像是我的玩具熊呀！"

10. 千万别这么干，除非你想找死！

你能当科学家吗

当巴西科学家奥格斯图·路斯奇还是个小孩子的时候，他总是会找出各种理由不去上课，然后跑去树林中闲逛，研究花草。当他15岁的时候，他写了一篇文章描述了90 000种兰花。如果你是这位科学家，你会怎样去研究那些会潜水的鸟呢？

这全是你写的吗？

a）捉一些，然后让它们在你的游泳池里潜水。

b）把它们打下来，然后解剖它们的身体。

c）在一片臭烘烘的沼泽地里待几个小时，头顶上顶一片荷叶，只露出脖子以上的部分。

（1分）

c）这位科学家在观察鸟。他原本只是想了解这种鸟怎样找食儿吃，结果却意外地在沼泽中发现了一种新种类的未知的青蛙。

糟糕的表白

一位生物学家说……

你的小兔子是食粪动物。

你会怎么回答？

a）不是，它叫莱特斯。

b）不是，它很干净。

c）是的，它喜欢吃自己的粪便。

（2分）

c）兔子吃它自己的粪便。像草这样的植物，非常难消化，兔子通过两次消化来解决这一问题，一次消化食物，一次消化粪便。我们的老朋友，裸鼹鼠就是由于同样的原因，而给它的孩子喂粪便吃的。

你的成绩怎么样

你已经从这一章野蛮而且恐怖的测验中闯过来了，但是你的成绩会怎么样呢？你是只了解到一些残酷的真相呢，还是对动物的认识大大长进了呢？

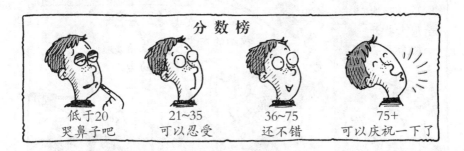

分数榜

低于20 哭鼻子吧　　21~35 可以忍受　　36~75 还不错　　75+ 可以庆祝一下了

如果你的分数不错，你可能很庆幸多亏你不是剑龙了，这是一种脑仅有核桃大小的恐龙。现在到了谈谈这些恐龙的时候了，让我们一起回顾一下这些爬行动物吧。

消逝的恐龙

（和其他可怕的古生物）

这章的测验是关于古生物学的。这是一门关于远古生命的科学，包括恐龙。不管怎样，像前面那样，还是让我们先看看恐龙专家的解释吧……

可怕的科学图解6

这项工作最有趣的部分就是——到广阔的大地上去寻找化石。现在我就在美国的蒙大拿州，帮助挖掘一块三角龙的化石。提醒你一下，这是一项非常艰苦的工作。到工作的最后一天，我觉得自己简直就像一只"干瘪龙"了。我和我的队伍还要把这些骨头运送到我们工作的博物馆里，而且要完好无损，这一点比较棘手。一旦到了博物馆里，剩下的工作就是清理所有还粘在骨头上的碎石，并且详细地研究这些骨头。

危险恐龙的生活方式

你会花点儿时间在恐龙身上吗？嗯，不过我现在还不确定这是否明智，如果你想知道为什么，接着往下读……

小测验：可怕的霸王龙的日记

看看这本霸王龙的日记。你可能会说这里面有好多是捏造的。当然了，因为这篇日记里提到了两件事情是霸王龙从来不做的……

霸王龙的日记（公元前6500万年）

今天一起床就感到特别的饿，所以不得不赶紧吃了点水果，以便让我的肚子别再咕咕地叫了。然后我就和我的兄弟狠狠地打了一架，他在我的鼻子上咬了一口，咬了个正着——他的"鼻子"真害人！爸爸听到骚乱之后，我们就赶快跑开了——我们不想让他抓到我们，因为他抓到我们的小妹妹之后，竟然把她给吃了。等我们发现她的时候，她已经变成一堆粪便了！我感到很紧张，爸爸真是太残暴了！并且这还不是全部——爸爸身上还有一股难闻的气味！虽然我们霸王龙都有这个小问题，但是我敢肯定，我老爸的情况更糟糕。一会儿我又发现了一个已经死了的食草动物，就拿来当午餐吧。嗯，有一点臭味，但是吃起来不错。我用爪子抓下了一大块，狼吞虎咽地吃起来。不好，我的一颗牙磕到了骨头上，磕掉了！哦，天啊，我快没命了！我想我要死了。

（满分2分）

1.霸王龙从来不吃水果。

2.霸王龙不能用它的爪子来吃东西，因为它们的前肢太短小，根本够不着自己的嘴。

你可能很急切地想知道日记中的其他的事情是真的吗。

1. 化石上的痕迹显示：幼小的霸王龙确实互相咬鼻子，（你家里的小猫是不是也这样？）而且有时候父母也加入，甚至吃掉自己的孩子。（我真的，真的不希望你家里的小猫也这样！）

2. 粪便堆是真的。霸王龙有很强的胃酸，甚至可以消化骨头。我知道这些，是因为它们的粪便化石里包含了部分未消化的骨头。

3. 霸王龙真的有很难闻的气味，这是因为它们的牙齿有缺口，里面寄生有细菌，这些细菌发出难闻的气味。被霸王龙咬伤过的恐龙，即使有幸逃脱了，也会被那些细菌给杀死。

额外奖励题

看看这只霸王龙的头骨，看到那些洞了吗？当这只霸王龙活着的时候，里面放的是什么呢？

a）空气

b）大脑

c）肌肉

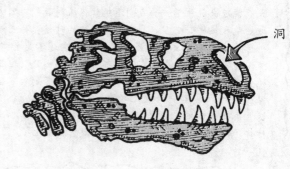

洞

（2分）

　　a）这块头骨有连接肺部的空气通道。这可以让大脑冷却下来，有助于增强听觉和减轻头骨的重量。

小测验：蜥脚类恐龙的秘密

　　下面的小测验是关于蜥脚类恐龙的——那些巨大的、长脖子、长尾巴的恐龙。

太好了，现在要讨论我了吗？

　　你要做的就是在下面句子中的空缺处，填上方框里给的适当的单词。

缺的生词

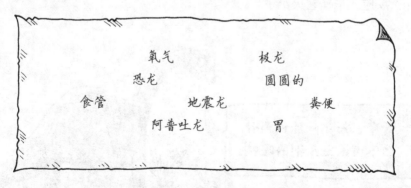

氧气	极龙
恐龙	圆圆的
食管	地震龙	粪便
阿普吐龙	胃

　　1. 蜥脚类恐龙常常不惜长途跋涉出去找石头吃。它们需要这些石头来帮助消化它们____里的食物。据计算，一只恐龙常常需要走20千米才能找到合适的石头。

2. 如果你想要一只_____当宠物，你需要一个公园那么大的花园，一个用来供它喝水的湖，还有一个和美式足球场差不多大小的窝。

3. _____甚至更大。它差不多有3辆公交车接起来那么长，有20头大象那么重。蜥脚类恐龙可没有这么大，因为它们的骨骼会被这个重量压碎的。

4. 蜥脚类恐龙还常常穿着高高的"高跟鞋"！在它们每一只脚的底部都有一个____衬垫，这样在脚落地的时候，就可以减轻压力了。

5. 一只蜥脚类恐龙被它吞下的石头给杀死了。一块像橘子大小的鹅卵石卡在了它的____里，然后这只恐龙就这样活活地饿死了。

6. 科学家认为蜥脚类恐龙能产生大堆的_____。怎么我们没有发现成吨的这些东西呢？科学家们认为是被甲虫埋起来，并且吃掉了。

7. 像其他的恐龙一样，蜥脚类恐龙也呼吸大量的_____，并且由巨大的肺来完成这个工作。

8. 像所有的_____一样，蜥脚类恐龙只有一个用来排泄粪便的通道，我们叫它泄殖腔，而且恐龙下蛋也是通过这个通道来到世界的。

9. 最大的蜥脚类恐龙之一是_____。它确实太大了，如果你踩在它的尾巴上，它在90秒钟内什么都感觉不出来，而且3分钟内都没有什么反应。难怪它灭绝了！

好了，好了！你们为什么不讨论点儿别的呢？

（满分10分）

1. 胃。

2. 阿普吐龙（一种蜥脚类恐龙）。

3. 极龙。

4. 圆圆的。

5. 食管。

6. 粪便。

7. 氧气。

8. 恐龙。

9. 地震龙。

额外奖励题

如果你把一只阿普吐龙的肠子拉成一条直线，它会有多长？

a）8米——和人的差不多

b）60米

c）302米

（2分）

c）蜥脚类恐龙的肠子比你想象的要长得多，因为它需要处理大量的食物（差不多一天一吨）！

小测验：保护恐龙的幼仔

科学家已经发现了许多恐龙巢穴的化石，开始了解到恐龙家族的生活。你能看出这个恐龙育婴手册中的 5 处错误吗？

照顾好你的宝宝

迪奴医生

喂养的建议

如果你是一只慈母龙，你应该是一位"素食主义者"，以吃草为生。你可以抱一点草回去，喂给你的宝宝。

建一个温暖的巢

建巢的地方最好是选一个远离其他慈母龙的地方，你需要堆一些土和腐烂的植物在上面。随着草的腐烂，可以让你的巢保持温暖。

保持适宜的温度

如果你需要让你的蛋保持适宜的温度，最好的建议就是你坐在上面——鸟类都是这样做的。

照顾好这些小家伙

有时候你需要离开巢去找食物。为什么不让一个友好的恐龙帮你看好你的宝宝呢？我相信腔骨龙可以照顾好你的小宝宝。

没问题！

（满分5分）

1. 它们不可能用草来喂它们的宝宝，因为在恐龙时代，地球上还没有草呢。

2. 恐龙的前肢不适合去抱草。

3. 为了相互保护，慈母龙常常需要把巢建在一起。

4. 如果一只成年的恐龙坐在巢上孵卵，会把它的蛋压碎的。恐龙蛋的蛋壳通常都很薄，这样可以让正在发育的小恐龙通过蛋壳来呼吸。

5. 腔骨龙早在慈母龙时代的140万年以前就已经灭绝了，而且它们是品行不端的恐龙，如果饿了，它们连自己的小宝宝都会吃。所以腔骨龙不管怎么样都不可能"照顾好"你的小宝宝！

额外奖励题

恐龙宝宝都很小，对吗？有一些恐龙像霸王龙也吃它们的宝宝，那么，为什么恐龙并没吃掉它们所有的宝宝呢？

a）有一些宝宝总是能成功逃脱的。

b）因为这些宝宝吃起来很难吃。

c）因为这些宝宝看起来很可爱，它们的父母真的很爱它们。

（2分）

c）是的，不管你相不相信，科学家们认为小恐龙的外表还是很可爱的——一双可爱而无助的大眼睛，还有一个大脑袋——真的能让大恐龙们倾注所有的爱去照顾它们。告诉你的父母下次不要再对你的小弟弟（妹妹）大呼小叫了。

一个大额奖励题

如果你回答对了这个问题，你可以额外地得到12分！如果你把一个高桥龙的蛋（目前最大的恐龙蛋）搅拌一下分给大家吃，可以供多少人吃呢？你只可以猜一次！（提示：是70到80之间的一个数。）

（12分）

76个人。

第二个额外奖励题

很多科学家相信恐龙是在6500万年前的一次小行星撞击地球后灭绝的。最早发现小行星撞击地球线索的人是美国科学家路易斯·艾尔华兹（1911—1988）。他有很多方面的天才设想——找出他的其他两个贡献……

a）他调查出了谋杀一位总统的杀手。

b）他发明了泡泡糖。

c）他发明了各种各样的哈哈镜。

d）他发现了第一具完整的霸王龙的骨骼。

e）他曾经跳进尼亚加拉大瀑布（在加拿大和美国间）。

（每个2分，满分4分）

a）和c）。艾尔华兹提出了一些与当时理论相反的主张，他认为在1962年刺杀美国总统肯尼迪的只有一个杀手。

恐怖的化石

这是一个"风险题"。记得规则吗？有两个可能的答案，你总有50%的机会得到正确答案。等一下——这似乎听起来太简单了，所以你每答错一个问题，我们要从你所得到的分数中扣分。注意已经提醒你了！

1. 什么东西在1996年被小偷偷走了？

a）一个霸王龙的蛋，小偷计划孵出恐龙来。

b）世界上唯一的一组剑龙的脚印（在澳大利亚坚固的岩石中）。

2. 下面的哪一种生物和恐龙生活在同一个时代？

a）青蛙

b）蝙蝠

3. 为什么冰脊龙的发现者威廉姆·汉默博士也称他的发现为"艾维斯龙"？

a）因为这种恐龙发出的声音和流行歌曲巨星艾维斯·普雷斯利（1935—1977）的歌一样的好听。

b）因为这种恐龙有着和艾维斯一样超酷的"发型"。

侏罗纪的"摇滚"明星

20世纪60年代的摇滚明星

4. 银杏树曾经是恐龙的食物，被认为已经灭绝了。那么在哪里又发现了现存的银杏树呢？

a）在中国的一个庙宇的庭院里。

b）在靠近北极圈的一个偏远的小岛上。

5. 美国卡内基自然历史博物馆里有一具头部缺失的阿普吐龙的骨骼。他们对它做了什么？

a）拿缺失头部的骨骼来展览。

b）配上另一只恐龙的头部来展览。

6. 化石是骨头，对吗？骨头是相当轻的，不然的话，你早上起来就不可能从床上爬起来了。那么，为什么化石骨架还需要钢筋的帮助才能站立起来呢？

a）因为化石骨架被坚硬的岩石填充了。

b）因为恐龙的骨头比人的骨头重。

7. "黑美人·苏"指的是什么？

a）雇佣来寻找恐龙化石的探险的马。

b）霸王龙的骨架。

8. 美国迪诺公司降价拍卖的东西是什么？

a）用恐龙的粪便块做成的珠宝。

b）恐龙形状的甜点。

9. 如果你在阿克塞尔黑伯格岛上感到冷了，你可以怎么做？

a）烧一些化石。

b）用恐龙骨头搭建一个小屋来避寒。

10. 怪诞虫是什么？

a）一种会飞的恐龙。

b）一种史前的怪物，有 7 对腿，每条腿的末端有管口，在它的背上有刺。

（满分10分）

1.b）小偷把它们从坚硬的岩石上切割了下来。

2.a）化石证明青蛙生活在恐龙时代。实际上它们比大部分的恐龙出现得还早，而且它们在恐龙灭绝之后还好好地活着。

3.b）头骨的顶部和艾维斯的发型相似。

4.a）

5.b）这是个错误，因为没有人知道阿普吐龙的骨骼是什么样子。要找到一具完整的恐龙化石是不容易的，博物馆里的大多数恐龙化石实际上都是由几种恐龙的骨头拼成的。

6.a）在一块化石上，骨头原来的成分被矿物给代替了。通常原来的骨头并没有留下来。

7.b）黑美人的骨架实际上是被一种叫镁的化学物质给染黑了，苏这个名字的由来是因为它是由一位叫苏的科学家发现的。

8.a）他们确实用恐龙的粪便化石做成了手链和领结别针。

9.a）那个地方确实有点冷，因为这个岛离北极只有1094千米。这个岛上保存有4500万年前的树木，这些树木化石目前保存得很好，还真的可以燃烧取暖。当然，一个真正的科学家宁愿冻僵也不愿烧化石来取暖的。

10.b）这可能是世界上最不可思议的化石。这种动物已经灭绝了5亿年了。

小测验：可怕的古代动物

这是一个额外的小测验，你可以使用计算器。

首先把137加到900上。

1. 如果把地球上的整个生命史全部写成一本书，那么人类将出现在书的最后一页的最后两行，那么这本书有多少页呢？（去掉37）

2. 在20世纪初，人们在北京周口店附近的村子里发现了古人类的化石。一开始人们并不知道它们是什么，把它们从地下挖出来当成一种传统的中药来用。那么这些骨头有多少年了呢？（乘200）

3. 在过去，美国阿拉斯加州的气候温暖湿润，大象、狮子和骆驼都生活在这里。这曾是多少年以前的事呢？（减去188000）

4. 最早的马是在4000万年前出现的。它们有多高？（减去11970）

5. 雷龙——名字的意思是"发出雷鸣般响声的动物"——和河马差不多一样大。它有一个叉形的角，吃树叶和野果。它们大约生活在多少万年以前呢？（加3470）

6. 最早的大象是在多少年前出现的？（加500）

（满分6分）

1. 1000。

2. 200 000。

3. 12 000。

4. 30厘米（你的脚那么长）。骑着这样的一匹马，你会把它压扁的。

5. 3500万年。

6. 4000万年。它们和猪出现的时间一样早，当时它们还没有长牙和长鼻子。

你的成绩如何

你已经掌握了有关化石的一些真相，现在你肯定比一只剑龙聪明多了！

下面是你的分数……

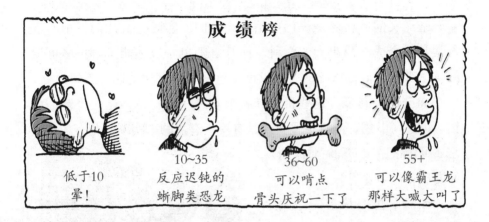

成 绩 榜

	10~35	36~60	55+
低于10 晕！	反应迟钝的 蜥脚类恐龙	可以啃点 骨头庆祝一下了	可以像霸王龙 那样大喊大叫了

坏消息和好消息

你已经在这些令人作呕的问题上检验了自己。你的脑子里装满了让人难以置信的真相。现在你差不多要看完这本书了，我们再没有别的测验给你做了。但是令人高兴的是——现在你知道了答案，为什么你不去测验一下你的朋友甚至你的老师呢？哦，不要忘了读下一页著名的结束语！

嗨，先别走！

著名的结束语

　　毫无疑问，科学是一门可怕的大学问。实际上，几门可怕的学科常常融合成一门更大的学科！而且老师也希望你能了解更多可怕的科学真相。值得欢呼的是：没谁说这些科学真相是让人厌烦的！

　　你已经看到了，这些科学真相很有趣……有趣，让人着迷，可怕、可恶、滑稽，而且最重要的是有用。有用的事实不只是有趣——它还可以帮助我们理解将来新的发现和科学发明。

　　而且这里是最后一个问题……

　　有这样智能的马桶吗？有还是没有？

主人，你的消化系统不是很好。

答案

　　是的，有！它是日本的一家电子公司发明的，它能检验你的粪便里的物质，从而查出疾病的苗头，然后将结果显示在屏幕上。

哦，真有趣！

确实有趣！